U0004598

貓咪問題全攻略

瑪格麗特·H·博納姆（Margaret H. Bonham）◎著

廖崇佑 ◎譯

晨星出版

目錄

第一章

每隻貓咪
心中都住著
一隻老虎

貓咪是非常奇特的動物。

自從牠們在一萬年前

進入了我們的生活後,

就一直是熱門的寵物選擇

及備受寵愛的家庭成員。

現在,貓咪是僅次魚類

深受歡迎的寵物。

事實上,目前的養貓人數

已達歷史新高,光是美國

就有九千萬隻寵物貓。

雖然喜愛貓咪的人非常多，但收容所每年的在養量依舊居高不下。貓咪能帶給人類愛與陪伴，但許多人似乎仍對貓咪存有許多誤解。有些飼主可能因為與貓相關的知識不足，而導致貓咪出現脫序行為，有些人則是放任未結紮的貓在外遊玩，導致牠們成為流浪貓、無端遭到虐待，或是造成流浪貓數目增加而使各地出現新的群落。還有一些人則是不願學習新知，至今依舊出於迷信而厭惡或害怕貓咪。

因此，不如一起好好認識我們的貓科朋友，看看牠們毛絨絨的小腦袋中到底在想些什麼。如此一來，也許我們就能知道牠們行為背後的原因。

貓咪心理學入門

只要願意深入了解貓咪，就會發現牠們其實是非常有趣的生物。想認識貓咪，首先得知道牠們被馴養的歷史。

貓科動物從遠古時期就已經存在了。科學家認為貓科動物是從名叫小古貓（Miacis）的動物演化而來，小古貓生活在距今超過五千萬年前的時代，而人類最原始的祖先智人（Homo sapiens）則大約在四百萬年前才出現，因此貓咪出現在地球上的時間可說是大幅領先人類。

時間稍微快轉一下，到了大約五千至一萬年前，野貓開始漸漸與

人類共處。最有可能的馴化過程，是當人類開始形成農業聚落、集合資源並種植大麥及小麥等農作物時，田鼠和老鼠等害畜也跟著來到田野及穀倉中偷吃作物。對於天生懂得把握機會的貓咪來說，等於是在農村中發現了現成的食物來源，於是不討厭與人相處的貓，便漸漸開始跟人類一起生活。最後，人類開始注意到在農村附近生活的貓群似乎很友善，有些人也開始與牠們互動。過了不久，人類就開始將成貓或幼貓帶回家飼養。

與同樣廣受飼養的狗狗相比，貓咪進入人類家庭的時間相對非常短。狗被馴養的時間已長達兩萬至十二萬五千年，確切時間可能根據不

同研究而異。由於狗狗已經與人為伍了數萬年，因此比貓更依賴人類，但這不代表家貓完全不需要人類的照顧就能生存。雖然現代的家貓依舊和過去的野貓一樣像個獨行俠，但牠們其實也非常依賴飼主給予食物與住處。儘管有些貓回到了野外生活（因此成為野生貓種），但大部分的貓仍希望及樂於成為人類家庭的一份子。

野外的貓

　　野外的貓會以非常鬆散的方式形成群落，這點反映出貓咪具有一定程度的陪伴需求。貓咪其實沒有許多人想像中那麼獨立，牠們也會吸引人類的注意與關愛，只不過牠們會用自己的獨特方式表達。

　　雖然貓咪喜歡陪伴，但在日常所需方面則比較獨來獨往。與從狼演化而來的狗不同，貓不會成群狩獵或遷徙。由於貓是肉食性動物，因此必須吃肉才能生存，而這些動作靈敏又寂靜的貓咪，天生就具備著狩獵所需的所有工具，只要看看牠們的牙齒與爪子，就知道牠們不是靠吃生菜沙拉維生。

　　貓咪的生理構造與牠們的習性相當吻合。牠們的身體、感官與本能都有利於在野外狩獵，不必依靠其他貓咪的協助就能生存。家貓與野

家貓與祖先「非洲野貓」的差異不大。

當貓咪遇上人類

目前世上估計有五億隻家貓，其他種類的貓及野貓則面臨絕種的危機。為什麼呢？與其他被人類馴化的動物不同，據說貓咪是自行接受馴化的，這也是為什麼牠們相對比較獨來獨往。這些貓咪的祖先在主動適應新環境後存活了下來。換句話說，馴化的推力來自牠們本身，而不是來自人類。大約在一萬年前，一些比較勇敢的野貓溜進了人類的聚落尋找食物。貓咪在那裡很安全，因為不會受到掠食者的威脅，再加上牠們是天生的獵人，因此那些來偷吃人類農作物的齧齒類動物，就是貓咪充足的食物來源。當人類發現這些貓咪會替他們除掉偷吃作物的害鼠，自然很歡迎牠們成為一份子，並讓牠們在聚落中繁衍後代。

貓差異不大。貓咪不擅長遠距離追逐，而善於瞬間突襲式的狩獵。牠們大部分的肌肉都是快縮肌，因此能在短時間之內發揮強大的爆發力。另外，貓咪可以將身體扭轉一百八十度，具有較大的關節移動範圍。這些特徵使貓咪能夠跳很高、輕鬆爬到高處，並捉住任何牠們盯上的獵物。

貓咪是夜行性動物，牠們會透過食物與睡眠來補充體力，大部分成貓一天可以睡十六到二十小時。由於貓咪主要在夜晚狩獵，因此通常在日落後最活躍。牠們的雙眼就算在接近全黑的環境中，也可以看得非常清楚，因為牠們能改變瞳孔的形狀，比人類固定為圓形的瞳孔還要實用。在夜晚，貓咪的瞳孔會放大以獲得更多光線，而在白天，瞳孔則會縮成一小條縫，因此牠們不必戴太陽眼鏡就能享受日光浴！

這些知識為什麼很重要？因為若想徹底認識貓咪，就必須同時認識牠們的生理與心理。唯有認識貓咪的原始本能，才能理解家裡的愛貓為什麼有那些行為。貓是天生的獵人，雖然牠們已被馴化五千至一萬年，但習性還是跟祖先非洲野貓（Felis silvestris lybica）相去不遠。藉由認識貓咪的天性，就能從貓的角度思考，甚至能預期哪些事物將導致貓咪做出怪異或反常的行為。有些讓我們感到困擾的舉動，其實只是貓咪的習性。只要具備正確的知識，就能與愛貓和諧共處。

為什麼會有這些舉動？認識貓咪的常見行為

了解家貓的起源後，接著就要來認識貓咪的基本行為，也就是每隻貓咪（無論家貓或野貓）都會做的事，以及做那些事的原因。有些行為無傷大雅，有些則非常惱人，甚至具有破壞性。

磨爪

所有的貓都會磨爪，這對牠們來說就像呼吸和飲食一樣自然。貓咪磨爪的原因很多，有時候是為了標記地盤（也就是讓其他的貓知道，這裡是牠的生活範圍），有時候是為了把爪子磨利以進行狩獵，有時候是為了伸伸懶腰，有時候則純粹就是想抓抓東西。

磨爪對貓咪來說非常重要（畢竟那是牠們溝通的方式），因此若沒辦法磨爪，就會變得鬱鬱寡歡。許多貓咪之所以身心嚴重出問題，就是因為被主人帶去做去爪手術，因此除非極為罕見且萬不得已的情況，否則千萬別這樣虐待牠們。

去爪手術是不只除去貓的爪子，而是將腳趾到第一關節的部分切除。看看自己的手指，想像被切除一截的感覺，並不愉快對吧？這類手術日後都會對貓咪造成極大的痛苦。

同理，切除貓咪四肢肌腱的肌腱切除術也很殘酷。這會使牠們的四肢再也無法正常行動。這個手術同樣會在日後對貓咪造成一生的痛苦。

這些手術不只會造成生理的痛苦。還會使被去爪的貓咪會隨時處於恐懼與脆弱的心理狀態。牠們的內心會嚴重受創，因為牠們失去了一些生存必要的能力，也失去了自我防衛的武器，就連使用貓砂時，也無法再輕

磨爪是貓咪天生的習性。

好貓咪，
壞貓咪

很多人認為貓咪會為了狹怨報復而調皮搗蛋，但其實是錯誤觀念。貓咪的任何行為都是出於天性或是對環境做出合理反應。為了避免貓咪做出讓人困擾的行為，主人必須先找出貓咪到底想試著表達什麼，然後再將那些偏差行為導向可接受的正面行為。

為了矯正貓咪的行為，首先必須在牠們做出「錯誤的行為」的當下立刻喝止，接著向牠們示範正確的做法。只要看見貓咪出現讓人困擾的行為，就必須儘快矯正，因為若這習慣持續愈久，就會愈難改變。只要願意花時間不斷調整，貓咪就會知道主人希望牠怎麼做，最後大家就能一起開心生活。

鬆掩埋排泄物。此外，貓咪在失去爪子跟部分的腳趾後，也會失去平衡的能力，因此再也無法像過去一樣自信地奔跑或跳躍。

雖然尚未經過實證，但動物行為學家發現去爪會導致許多嚴重的問題，例如四處標記、在貓砂盆外大小便，或是攻擊性變高。美國的愛貓者協會（CFA）曾書面聲明，除非飼主有凝血障礙或免疫系統受損（例如患有愛滋病、癌症等），否則不應替任何貓進行去爪或肌腱切除手術。

決定要養貓時，就該有家具被抓的心理準備。後面將提到如何使貓咪學會只在特定物品上磨爪，讓家裡維持美觀。

標記

標記就是將尿液噴灑在垂直的平面上，這也是貓咪常見的行為。雖然這舉動對人類來說非常困擾，但貓咪這麼做其實只是為了彼此溝通。雖然公貓和母貓都可能會噴尿、標記，但未結紮的公貓會比已結紮的母貓更容易出現這行為。貓咪之所以噴尿，是為了向其他貓宣示自己的存在，告訴牠們「這是我的地盤」。

飼主通常不希望貓咪做出標記的行為，但貓咪之所以會標記，是因為牠們已經因為環境的變化而感到不安，或因為出現其他貓咪而感到備受威脅。不只新的人、貓咪或家具，就連家門口有新的流浪貓徘徊，都可能會讓家裡的貓咪開始噴尿。

記住，標記與亂尿尿不同，如果是在地板上，就很可能只是亂尿尿。

喵喵叫

「喵」這個字可說是貓的同義詞，因為只要看到這個字，我們就會想到貓科動物。然而，大部分野外及野生的貓其實很少會那樣叫。喵喵叫似乎是家貓為了吸引主人注意而特有的行為。

有些貓天生就比較聒噪，例如暹羅貓等東方品種就很愛說話。貓咪在與人互動時，會採取最能有效吸引我們反應的方法，也就是發出叫聲。若我們對叫聲產生回應，就會讓牠們更積極地喵喵叫。因此，若貓咪大聲對著空碗喵喵叫時，其實是在叫主人餵牠。很合理，對吧？

呼嚕呼嚕

我們都聽過貓咪在心滿意足時，會從喉嚨發出的呼嚕聲。這小小的震動聲，表示貓咪正感到開心又滿足。事實上，貓咪呼嚕的原因有很多。當牠們開心、生病、受傷、分娩、緊張、害怕，還有即將死亡時，其實都會發出呼嚕聲。因此，雖然我們知道貓咪會呼嚕，但尚未確切知道牠們這麼做的原因。

許多行為學家認為貓咪呼嚕是為了安撫自己。舉例來說，心理害怕或身體受傷的貓可能會藉由呼嚕聲來安撫自己，讓自己在害怕或疼痛的時候能冷靜下來，彷彿是貓咪在告訴自己「別擔心，事情會好轉的」。呼嚕聲也可能代表「我需要主人的幫忙，讓我感覺好一點」。同時，當貓咪心滿意足時，牠們的呼嚕聲也可能是在說「我很高興能有你這樣的朋友，你讓我好開心」。很難分清楚，對吧？

此外，科學家直到目前為止，都還不清楚呼嚕聲發出的原理。目前已知呼嚕聲跟貓咪的呼吸與喉部相關，但確切的運作方式仍是個謎。不過

若貓咪在你的大腿上呼嚕，那就無庸置疑，牠肯定很開心！

磨蹭物品

假如曾經和貓咪生活過，相信常常會發生以下的事：貓咪來到身邊，用牠的頭和臉磨你，或用身體蹭你的腿。牠到底在做什麼？

答案不會讓人太意外：這是貓咪表達愛意的方式。貓咪不只會磨蹭牠們喜歡的人，也會磨蹭牠們認定的人。貓咪的臉頰、嘴巴和下巴處都有特殊的皮脂腺，那裡會分泌一種獨特的激素，讓貓咪用自己的特殊氣味做標記（人類聞不到，但貓可以）。因此當貓咪磨蹭一個人的時候，其實是將這個人標記為特別的人，避免其他陌生的貓咪任意接近屬於自己的人。

同理，貓咪也會輕輕磨蹭家中的物品以標記牠的地盤。貓咪只要聞到這些標記，就會知道是自己的地盤範圍，也會讓其他野生動物知道這裡不能任意接近。

搓揉

你正在享受與貓咪的獨處時光。牠躺在大腿上輕輕發出呼嚕聲，突然間牠開始像捏麵糰一樣，規律地前後推動牠的雙掌。牠的爪子還會時不時伸出來，雖然會讓人有點刺刺的感覺，但又不至於感到疼痛。

沒錯，搓揉其實是貓咪最高等級的讚美。貓咪會藉由搓揉表達信任、幸福與安全感。貓咪小時候會對母親搓揉，因此當貓咪對主人這麼做的時候，表示主人對牠來說就像母親一樣。很酷對吧？

追逐移動的目標

與貓生活最有趣的地方，就是牠們愛玩耍且充滿好奇心。隨便晃一晃羽毛或玩具，貓咪就會撲上去。就算只是無心搖晃羽毛或逗貓棒，貓咪也會盯著不放，頭也跟著晃動，接著尾巴開始左右擺動、身姿趴

低，隨時準備撲上去。貓咪為什麼會這樣？

狩獵的本能深植貓咪體內。牠們會認出某些東西的移動模式很像老鼠或小鳥等獵物。貓咪其實知道那些玩具不是真的生物，但還是會刺激牠們的狩獵本能，因此會追逐那些玩具來運動並娛樂自己。

可以鼓勵貓咪玩逗貓棒（棍棒尾端有羽毛或其他東西）、釣魚玩具（掛了東西的玩具釣竿）或是其他可以讓你的手與貓咪保持距離的玩具，藉此教導貓咪去追捕正確的「獵物」。

玩玩具會刺激貓咪高度發達的狩獵本能。

帶動物屍體回家

若貓咪曾把死掉的老鼠（或部分的屍塊）放到家門口或是帶進家門，肯定讓人非常頭疼，畢竟收到這種禮物實在讓人開心不起來。但讓我們試著從貓咪的角度看看這行為。

貓是獵人，也是完全的肉食性動物。換句話說，貓咪的日常飲食中必須包含肉，因為牠們需要一種名為牛磺酸的胺基酸，這種胺基酸只能靠吃肉攝取。由於貓咪體內無法自行產生牛磺酸，因此必須從外界獲得，而植物無法提供牛磺酸給貓咪。

貓咪打獵是出於天性，因此當牠們帶死老鼠或肉塊回家時，其實是在與主人分享獵物。當然，牠也可能是在訓練主人狩獵，因為在牠眼中主人似乎不擅長狩獵。當貓咪沒有動物可以狩獵時，可能就會從自己的碗盤中叼一些食物出來，或是把玩具老鼠叼給主人。當貓咪這麼做的時候，記得要心懷感激，因為這代表牠願意與你分享自己的餐點。

對貓薄荷的興奮反應

貓薄荷（荊芥）屬於薄荷家族，從中世紀就開始廣為使用，主要用來治療感冒、流感、神經緊張、膀胱問題、腹瀉等疾病。雖然人類不會跟貓咪一樣出現興奮反應，但泡成薄荷茶後，會對人有放鬆及鎮靜的效果。貓咪很喜歡這種能暫時增強情緒、自然又無害的物質，牠們會開心地在家裡滾來滾去。

對貓薄荷產生反應

到住家附近的寵物用品店為家裡的貓咪買玩具時，會看見有些玩具註明帶有貓薄荷的味道。這類玩具買回家後，貓咪會瘋狂地趴在上面，把玩具翻上翻下地玩，有時候還會用臉去磨蹭。為什麼貓咪會那樣呢？

貓薄荷又稱荊芥，這種植物的葉子、莖與種子具有名為荊芥內酯的物質，會讓貓咪產生輕微的興奮反應，而且對牠們完全無害。當貓咪吃進貓薄荷時，會有鎮定劑般的效果（人類喝貓薄荷茶也能放鬆身心）。貓科動物似乎對荊芥內酯特別敏感，狗與人類則不會有類似反應。

此外，不是所有的貓咪都會對貓薄荷有反應，這或許與遺傳相關。幼貓也不會對貓薄荷有反應，要到比較成熟之後才會出現反應。不過，據說有些飼主曾發現家裡的貓原本對貓薄荷沒反應，後來卻漸漸愛上貓薄荷。

掩埋排泄物

很多人可能已經知道，貓通常不用人教就會使用砂盆，而且牠們懂得保持清潔。大部分的家貓都會出於本能掩埋排泄物。這麼做是為了隱藏自己的行蹤，避免被更具攻擊性和主導性的貓科動物或掠食者盯上。

對於野外求生來說，這是個非常良好的習慣。若我們被住在附近的惡霸知道自己的存在，下場肯定不是被請吃冰淇淋，而是吃拳頭。因此，為了生存而隱藏自己的蹤跡並小心翼翼地行動，可說是貓咪演化而來的聰明舉動。畢竟只要沒被發現，掠食者就沒辦法追捕。

家中的貓

　　無論在世界各處，家貓都與人類共同生活了數千年，但牠們仍然保持著獨立的個性、天生的本能及神秘的氛圍。雖然偶爾會出現令人討厭的行為，但貓咪是非常優秀的陪伴寵物。貓咪也是很聰明的生物，能快速適應主人的生活模式，而且只要是人類能接受的生活環境，貓咪幾乎都能接受。貓咪很獨立，可以獨自在家數個小時，但當主人回家時，一樣會非常興奮地到門口迎接。所有愛貓的人都知道，每隻貓都是獨一無二的，具有不同的個性與舉止。只要能了解貓咪的動機，就能在貓咪出現問題行為時進行矯正。貓咪行為學可說是成功訓練貓咪的不二法門。最重要的是，若能讓家裡的貓咪過得健康又快樂，獲得最大好處的還是主人。

我們在這章學到了⋯

- 貓咪起源於數百萬年前。
- 與狗狗相比，貓咪被馴化的時間算是相當短，大約只有五千至一萬年。
- 貓咪很可能演化自非洲野貓。
- 貓爪的形狀有其重要功能。貓咪需要爪子才能滿足日常活動所需，所以我們不應該帶貓咪去做痛苦又殘忍的去爪手術。
- 貓咪不會因為記仇而搗蛋，只會依照本能來行動。
- 了解貓科動物的心理與行為，有助於認識家裡的貓咪。
- 只要耐心給予正面的訓練，大部分令人困擾的行為其實都能矯正。

第二章

壞貓咪：
當貓咪出現
問題行為時
該怎麼辦？

你已經和貓咪生活了一段時間，但不知為何，牠最近開始變壞了，開始會抓沙發或在砂盆外大小便。有時當你走進房間，牠甚至會攻擊你，這點真的非常惱人。

不過，可別因此認為貓咪恨你或是學壞了，因為貓咪的行為背後都會有合理的原因。惱人的行為不是出於怨恨或嫉妒，貓咪也不會因為你做過什麼事（或是忘了做什麼事）而處罰你。相反地，貓咪很可能是因為疾病或環境而導致問題行為出現。

牠真的壞嗎？

我們最常犯的錯，就是以人類的角度去看待動物。換句話說，我們常誤以為動物做某件事的動機肯定和人類一樣，或是誤以為動物了解是非對錯。若我每次聽到別人說「牠知道自己不該做那件事，但牠就是想惹我生氣」或「你看，牠知道自己做錯事，所以跑去躲起來了」就能得到一塊錢，我早就成為大富婆了！

貓咪和人類不同，牠們不會帶著情緒做出回應。雖然貓咪會感覺到害怕、愛與恨，但牠們處理這些情感的方式和人類不同。換句話說，貓咪知道某些行為會產生什麼樣的後果，但牠們不會出於「對」或「錯」的觀念去做決定。此外，若行為與結果之間沒有明確的因果關係，貓咪可能就無法理解兩者之間的關聯。

舉例來說，若你發現貓咪對著牆壁尿尿，於是把牠抓起來，帶牠到案發現場，逼牠看牆上的尿痕，然後打牠的屁股，你覺得貓咪會知道你在做什麼嗎？你真的認為這樣做有用嗎？如果你很不幸已經做過類似的事（還沒的話，千萬別這麼做），相信你也早已發現，這麼做一點用都沒有，甚至可能會讓牠每次看到你就想要逃到床下躲起來。貓咪無法理解你的舉動（打牠）背後的原因，沒辦法理解為什麼「尿在牆上」會導致「被打」，因為排尿對牠來說是非常自然的行為。貓咪反而會認為你是個討厭鬼，因此對你避而遠之。好極了。

事實上，貓咪可能是因為出現不安全感，所以才會在牆上噴尿，這有可能是因為家裡出現了新的貓或新的家具而引起。當習慣的生活環境出現新東西時，貓咪很可能就會變得怪裡怪氣，

牠們就是如此討厭變化。若貓咪的生活環境出現變化，就會想要保護自己，因此會採取行動來宣示自己的地盤。牠們行動時不會考量到人類的想法，也不會考量到是否會因此毀了地毯或牆上的油漆。再加上自己尿液的氣味能為貓咪帶來舒適與安全感，因此若人類把牆壁清乾淨，貓咪就會再次以尿液標記氣味，藉此宣示自己的地盤主權。

　　貓咪的年紀也可能對行為造成影響。舉例來說，幼貓容易擁有不安全感，也具有非常旺盛的好奇心，直到滿一歲之後才會比較沉穩。因此，幼貓容易到處噴尿或標記，藉此確立自己的地盤。同理，高齡貓也很常因為人類沒注意到的身心改變，而出現到處便溺的問題。換句話說，貓咪的問題行為並不是在對主人挾怨報復。

　　貓咪看待世界的角度和人類不同，但你（具有大顆頭腦的人類）可以帶著耐心與知識，試著從貓咪的立場去了解牠們。貓咪其實沒有那麼神祕。只要從貓咪的角度去看待牠們直覺做出的行為，就能找出問題的根源。大部分情況下，貓咪出現問題行為只是因為牠們還在適應環境中的變化，或者其實是只要稍微訓練就能改善的天生行為。

了解貓咪出現問題行為的原因，然後解決問題的根源，才是矯正問題行為的最佳方法。

找出問題的根源

一旦了解貓咪，就會發現牠們其實是相當單純的生物。如同前面提過的，通常是有一兩件事發生，導致貓咪出現讓人困擾的行為：

* 該行為是牠一直以來都在做的，但因為主人沒有積極阻止，因而持續那麼做。

或者

* 該行為是由一些內在（生理）或外在（環境）原因所引起的。

理論上要解決問題非常容易，不是導正貓咪的行為，就是找出貓咪的生活環境出現了什麼變化，然後加以調整即可。就是如此簡單。但有時候說得比做得容易。

無論問題有多嚴重，務必對貓咪有耐心，並想辦法仔細找出所有可能造成貓咪出現問題行為的原因。然而，在開始尋找原因之前，第一步應該要先帶貓咪去見獸醫。雖然有些獸醫沒有處理動物行為的經驗，但他們知道一些可能會引起貓咪反常行為的疾病。因此，帶去看獸醫有助於釐清問題到底是出於疾病還是環境，或多或少可以減低問題的複雜性。

你知道嗎？

許多關於大小便的問題，原因都出自生理機制，而不是行為上的問題。貓咪可能患有尿道感染之類的問題，因此導致牠們在砂盆外排尿。只要帶去給獸醫檢查，就能確認是否為生理上的問題，說不定可以省下尋找行為學家的功夫。

帶去看醫生

如前所述，行為上的問題通常是生理疾病所引起。例如當貓咪不喜歡在砂盆內大小便時，可能是因為貓咪想告訴你，出於某些原因貓砂盆使牠疼痛。貓咪無法確切知道自己為什麼會不舒服，所以牠們會在環境中尋找讓他們感到不舒服的事物。由於貓咪通常會認為問題是由外部引起的，所以當牠們在砂盆內排泄時感到不適，就會覺得是砂盆的問題。或者，若貓咪被主人撫摸時感到疼痛，牠就會以為是主人在傷害牠，因此導致牠對主人生氣。

或許你聽了會覺得貓咪的邏輯很差，但牠

們就是如此看待這個世界。因此，最好先帶貓咪去看獸醫，確認是否健康上有任何問題。

必須告訴獸醫哪些資訊？

去見獸醫時，第一件該做的事，就是仔細描述貓咪的近況。內容愈詳盡愈好。舉例來說，「牠不喜歡用砂盆」對醫生來說還是有點籠統。這種情況下，可以先試著觀察貓咪使用砂盆的方式。貓咪看起來很吃力嗎？看起來有哪裡不舒服嗎？什麼時候會在砂盆外小便？是否會將尿噴灑在垂直的牆面上？貓咪看見你的時候，有什麼反應？貓咪會整天躲起來嗎？貓咪是活潑好動，還是整天懶洋洋的？這些資訊能讓醫生更清楚該從哪裡開始檢查。

若獸醫在檢查貓咪後仍未發現任何問題，也別急著排除是生理上出現問題，因為有些症狀無法立刻就檢查出來。在初期階段，可能必須做點功課，才能找出讓貓咪感到痛苦的原因到底是什麼。

要注意，雖然這種情況很罕見，但有些獸醫可能會給出方便人類但其實對貓咪有害的建議，例如醫生可能會建議餵貓吃名叫「百憂解」（Prozac）的藥物來抑制牠的行為，但大部分主人都不會考慮這種極端

貓咪若突然出現異常行為，很可能是生理或心理出狀況所導致，所以首先最好帶去看獸醫。

小心翼翼但充滿好奇

　　貓咪好奇心很強，但警戒心很高，而且非常不喜歡改變。牠們是非常敏感的生物，因此可能對各種事物產生不合理的恐懼反應。有些恐懼非常自然，有些是為了自我防衛。有些貓咪會對無關緊要的事過度反應，有些則只是膽小而已。

　　恐懼與緊張的原因可能有很多種，因此貓咪的問題行為一樣有很多種。舉例來說，有些貓可能會逃跑、躲到床下或衣櫥中、嚇到動彈不得、嘶吼，或甚至攻擊主人。有些可能會在砂盆外排尿。

　　解決問題行為的第一步，就是從環境中找出可能對貓咪造成情緒壓力的原因。最常見的原因就是分離焦慮、家裡出現新的人或動物、環境改變、無聊、過早斷奶或是噪音。若能解決造成壓力的原因，就應該立刻行動。若無法解決，或許可以透過逐步接觸的方式，讓貓咪漸漸適應，也就是趁貓咪心情穩定時，讓牠稍微接觸造成牠壓力的原因，接著再逐漸增加接觸程度，直到貓咪能夠接受為止。豐富貓咪的生活環境也會很有幫助，例如給牠們足夠的玩具、跳臺與運動。唯有真的到了無計可施的地步，才能考慮以藥物方式進行控制。

的做法。研究貓咪的專家都認為像是百憂解等藥物，應該是萬不得已時才採取的手段，要先嘗試以別的方法解決問題，而不是想靠塞藥物來了事。此外，也可以先向行為學家諮詢，看看能不能透過訓練的方式解決問題。

找出引發問題的原因

　　找出引起問題行為的原因，需要一點偵探的技巧。若問題行為是貓咪一直以來都在做的事（例如亂抓東西或是跳到桌上），則很可能只是缺乏訓練，畢竟主人一直以來都沒有用正確的方式教導貓咪不要那麼做。問題也可能簡單到換個砂盆或換種貓砂就能解決。

　　然而，通常都是因為有事情讓貓咪感到不舒服，所以才會出現問題行為。貓咪厭惡改變，因此會為了解決問題而產生行動。記錄你認為造成貓咪行為偏差的原因，然後仔細觀察貓咪通常在何時何地出現

這些行為。必須全面研究這些因素，才能判斷該如何解決問題。

　　無論貓咪做了什麼，絕對不要對牠大吼或打牠。這麼做不但很殘酷而且也於事無補，因為貓咪不僅不會改變行為，還會因此對你失去信任，進而造成更多麻煩。為了改正貓咪的行為，必須在問題發生當下逮個正著，並教導牠該怎麼做才正確。一旦發現問題行為，就要盡快進行矯正，因為習慣養成得愈久，屆時就愈難改變。透過正向的訓練與鼓勵，貓咪很快就會了解主人希望牠該怎麼做。

　　一旦判斷出問題來源，就可以透過響片教導貓咪各種實用的指令，也可藉此培養感情。

響片訓練需要的用具

　　響片訓練需要的基本用具非常單純，只需要一個響片（大部分寵物用品店都有賣，也可以上網找）、一根指揮棒（也可以用未削尖的鉛筆或蓋緊筆蓋的原子筆代替），以及一些貓咪鍾情的零食或玩具。

　　在你認為家裡的貓咪太難搞而準備放棄訓練之前，想像一下牠開心生活的模樣。何況誘餌非常簡單，只要一小塊鮪魚、煮過的牛肉（撕成一口大小）或一點零食就能讓貓咪自願接受訓練。若家裡的貓咪把

若需要專家的協助，建議可向寵物行為學家尋求諮詢，因為他們非常了解動物，而且能夠指導主人如何重新訓練貓咪。

玩樂看得比食物重要，簡單甩一下牠最愛的逗貓棒也會很有效。

最重要的就是要找到能讓貓咪樂意配合訓練的事物。一開始可能得花點時間，不過一旦找到至少兩樣能引起貓咪動力的東西，就可以交替使用，避免貓咪太快感到倦怠。

使用響片時，要注意有些貓咪會害怕響片的聲音。因此若家裡的貓比較膽小，可以先用手心包覆住響片再按下去，聲音就會比較不嚇人一點。

開始響片訓練

現在，你已經有了響片、美味零食跟指揮棒。先將指揮棒收起來，因為現在要先教如何使用響片訓練貓咪。

- 找個貓咪有點餓的時間（例如吃飯之前）按一下響片，然後給貓咪吃一點零食。
- 按響片並給零食。按響片並給零食。由於這樣步驟會重複非常多次，所以記得要盡可能讓每次餵的份量少一點。
- 按響片並給零食時，要觀察一下貓咪。從某刻開始，牠會展現出興致，每次只要聽到響片的聲音，就會興致勃勃抬起頭來。若有出現這樣的反應，就可以知道貓咪已經將「響片」與「零食獎勵」的關係連結起來了。這就是我們要的結果。
- 無論貓咪了解響片的意義了沒，都要在五分鐘後中斷訓練。

有些貓咪可能會需要比較多次的訓練，才能理解響片的意義。別灰心。幾小時後再試一次，看貓咪是否已經開竅了。若貓咪還是一頭霧水，就隔天再重新訓練。記得每次訓練的時間都不要過長，免得貓咪感到無趣或挫折，訓練時也要記得不斷稱讚並獎賞貓咪。

變化按響片的時間

一旦貓咪理解響片的用意後，就可以進到下個訓練步驟：改變按下響片及給予零食的間隔時間。

- 按一下響片，然後等三秒鐘。這時，貓咪應該會非常熱切地盯著你看。

- 給貓咪零食。
- 現在再按一次響片，然後改變等待時間，讓貓咪稍微等久一點後再給零食。
- 繼續改變按下響片到給點心之間的時間長度，讓貓咪知道「無論隔了多久，她一定會有得吃」。如此一來，就算沒辦法立刻給零食，貓咪也會相信牠們終究會因為耐心等待而獲得獎賞。
- 練習數次，直到你認為貓咪學會了為止。這個五分鐘的訓練可能必須重複進行許多次，貓咪才會相信每次響片響起時都會有得吃。
- 若貓咪忘了響片是在做什麼，或開始不願配合時，就要回到第一堂課，確保牠牢牢記住該怎麼做。

改變餵零食的方式

接下來，要讓貓咪知道，零食不會每次都從你的手上直接給牠。貓咪可能不會太在乎零食是怎麼給牠的，但若你要用拋的方式給貓咪零食，要確保貓咪知道你們還在進行響片訓練，而不是在玩。這麼做有助於之後透過響片教導貓咪別的指令。

雖然我們無法改變貓咪天生的行為，但可以教導牠新的習慣，讓人與貓可以開心一起生活。

- 選一個貓咪愛吃，而且不會太濕黏的零食。
- 按下響片，然後將零食放在貓咪前方。貓咪可能要稍微鼓勵一下才會去吃零食。
- 吃下去後，按下響片並再放一點零食在牠右側。若貓咪沒有注意到零食，就先讓牠看見你的手，然後再移動到零食的位置。記得鼓勵牠把零食吃掉。
- 按下響片，並放一點零食在貓咪左側。若貓咪又跟丟了，就用同樣的方式提示牠，畢竟這次訓練的重點不是尋寶能力。
- 繼續按響片並把零食放到各種不同位置，直到貓咪理解「零食可能會出現在各種地方，不是只會由主人遞到眼前」。
- 若貓咪膽子比較大，可以試著用拋的方式給牠零食，但小心不要往牠身上砸，或是因為丟太靠近貓咪而嚇到牠，否則訓練成果可能會付之一炬，屆時就只能重頭進行響片訓練。

記得每次訓練只有五分鐘，而且絕對不要超過（一天也不要超過兩次訓練），才能避免貓咪失去興致，導致將來不願再配合。每次訓練結束時，都要用開心的語氣稱讚貓咪，並給牠獎賞。

訓練貓咪最好的方式，就是正面鼓勵。許多訓練家及行為學家都會用響片及零食來矯正貓咪的問題行為。

用指揮棒訓練

當貓咪已經完成基本的響片訓練後，就可以嘗試搭配使用指揮棒進行訓練。指揮棒的功能是引導貓咪移動，並將注意力集中在主人希望貓咪去的地方。指揮棒有時又被稱為接觸棒，兩者其實是一樣的東西。

- 首先，讓貓咪看見指揮棒（可以用未削尖的鉛筆或有筆蓋的原子筆代替）。若貓咪顯得意興闌珊，可以在靠近地板的高度像逗貓棒一樣左右晃動指揮

聰明反被聰明誤

　　貓與狗顯然非常不同，有時候很難知道貓咪到底在想什麼，因為貓咪在「厭世」跟「過度興奮」之間保持了絕佳的平衡。貓咪是高度演化的生物，能夠自給自足生存下去。因此，牠們有過人的感官、快速的學習能力及解決問題的能力。雖然貓咪對於無法引起牠們注意的事物會不屑一顧，但現代社會對貓咪來說，環境中到處都充滿了過多的刺激。

　　貓咪喜歡穩定的生活。各種事物都喜歡保持一致，例如吃飯時間、主人的作息、砂盆的清理時間等，但牠們也是聰明且充滿好奇心的生物，因此生活中仍需要一點刺激調劑。戶外貓可以獲得充分的刺激，但室內貓需要靠主人讓牠們身心保持健全。只要能提供以下事物，就能避免貓咪出現問題行為：

- **運動**：充分運動能防止貓咪感到無趣或憂鬱。戶外貓比較不容易出現神經質的行為，但室內貓只要充分運動，同樣能夠身心健全。

- **注意**：貓咪不只需要主人的陪伴，還需要主人傾聽牠們的「心聲」。貓咪的求救信號有時很難察覺，倘若主人能在問題爆發前就發現並解決，對貓和人來說都會是好事。

- **玩具與冒險**：貓是很聰明的生物，喜歡找有趣的事做。可以給貓咪許多不同的互動玩具，或是讓牠們有機會能一窺房間外的世界，觀察自己領土外的動靜，就算只是一扇窗戶也好。

- **健康飲食**：缺乏營養或營養過剩都有害貓咪的身心，因此健康且適合的貓科動物飲食是不可或缺的。

- **健康照護**：某些疾病可能會導致貓咪出現問題行為，因此要定期讓貓咪接受健康檢查以保持健康。

響片

　　響片是塑膠或金屬製的小道具，能握在手上，只要按下去就會發出喀嚓的聲音。在進行響片訓練時，喀嚓聲能夠讓動物知道牠們做對了某件事。若搭配零食作為獎賞，就能讓響片訓練的效果加倍，尤其像貓咪這種不會為了討好人類而聽命令的動物更有效，因為貓咪會為了牠們自己想要的東西（美味好吃的零食）而主動願意配合，主人則能藉此訓練貓咪的行為。比起懲罰，這種重複執行的正向鼓勵不但更人道，也能更有效矯正一些惱人的行為。事實上，只要響片、零食與耐心三者皆備，就能教導動物做出牠們能力所及內的任何動作，甚至是小雜耍。試了就知道！

棒（要小心自己的手指，因為貓咪可能會撲上來。若真的很怕被抓到，也可以用長一點的指揮棒）。

- 當貓咪伸前腳去抓或用鼻子碰觸指揮棒時，就按下響片並給予零食。貓咪可能會感到驚訝，不知道到底發生了什麼事，因此可以再拿出指揮棒一次，然後在貓咪碰到指揮棒時給零食。
- 交替訓練貓咪用前腳和鼻子碰指揮棒。
- 接著就可以加上關鍵字，例如當貓咪用前腳碰觸指揮棒時就說「腳」，用鼻子碰觸時就說「鼻子」。
- 當貓咪學會如何與指揮棒互動時，就可以接著訓練其他動作，例如「坐下」或「去某某地方」。

訓練坐下

　　想教貓咪聽「坐下」的指令嗎？聽起來有點像天方夜譚，但這其實可以做得到。可以藉由指揮棒來訓練，或是只用零食來訓練。

- 首先，準備好指揮棒或拿來引誘貓咪的零食。
- 讓貓咪以鼻子碰觸指揮棒，藉此獲得牠的注意力，然後按下響片並給零食。若只用零食來訓練，就把零食拿給貓咪看，藉此獲得牠的注意。
- 將指揮棒或零食提到貓咪的頭上方，大概在鼻子上方一點的地

方，這時貓咪就會慢慢抬頭並坐下。按下響片並給零食。

- 有些貓可能得多試幾次才會順利坐下，但只要成功坐下，就按響片並給零食。
- 當貓咪懂得坐下後，就可以加上關鍵字，例如「坐下！」。

當貓咪漸漸聽懂關鍵字後，就可以把指揮棒（或是吸引貓咪用的零食）收起來，試著純粹以口頭下指令。

命令貓咪去某個地方

當主人希望貓咪能去某個地方時，這個訓練就非常實用，例如到貓咪自己的床上、跳臺上或進到籠子裡。這個訓練可以用指揮棒，或是只用零食。

- 首先，讓貓咪看見指揮棒或零食。當貓咪碰觸指揮棒或零食時，按下響片並給零食。
- 將指揮棒（或是引誘用的零食）稍微移開貓咪。當貓咪跟上來並碰觸到指揮棒或零食時，就再次按下響片並給零食。
- 每次只移動指揮棒或零食一點距離，然後按響片並給零食，慢慢將貓咪引導到目的地。
- 當貓咪抵達目的地時，按下響片並給牠「超級大獎」，也就是超多獎賞（例如許多零食和玩具），獎勵牠抵達那個位置。
- 這個訓練可能得重複多次。
- 在後面幾次的訓練中，可以為想要貓咪前往的地點加上關鍵字，例如「跳臺」或「貓床」。
- 在後期的訓練中，可以減少起點與終點之間暫停的次數。最後，貓咪只要聽到口令，就會知道該怎麼做。

響片在手，威力無窮

響片訓練對貓咪非常有效，因為除了能為牠們帶來刺激與挑戰外，還能同時培養新習慣取代舊行為，這對貓咪與主人來說是個雙贏的結果！想要以響片訓練貓咪做新的事情時，記得先將這件事分解成最基本的步驟。想要貓咪跟隨指揮棒相當容易，但要牠們學會跳圈圈之類

的複雜動作則會困難許多。若成功訓練貓咪做出複雜的動作，可能會帶來比想像中更大的成就感。祝你們玩得愉快！

尋求專業協助

若覺得貓咪的問題行為已經超出自己的能力範圍，而且過去的訓練都沒什麼成效，可能就得尋求專業人士的協助了。

請教動物行為學家

有些人可能覺得為了貓咪去請教行為學家會很可笑，但這其實是很常見的事，畢竟當狗狗調皮搗蛋時，大家都覺得去請教訓犬師是很正常的事，不是嗎？

若需要專家協助，寵物行為學家是最了解動物行為的人，他們會教你如何以最適當的方式訓練貓咪。行為學家通常可以找出發生問題的原因，然後建議主人可以如何調整居家擺設或如何進行訓練來解決問題。好的行為學家也會樂於和獸醫合作，研究問題的根源是否來自基因，接著針對貓咪的狀況給主人最好的建議。

行為學家要去哪裡找？

寵物的行為學家可能不太容易找到，畢竟很少見到自稱「貓咪行為學家」的人。所以該從何處開始找起？

首先，可以到國際動物行為諮詢協會（IAABC）的網站 www.iaabc.org 試試。民眾可以付費向經過認證的專家進行諮詢。若住家附近沒有行為學家，可以找出離自己最近的一位專家，詢問對方是否願意透過電話諮詢，或是推薦其他接近自己住處的行為學家。

另一個可以尋求幫助的對象，就是獸醫。雖然不是每一位獸醫都是行為學家，但或許他們知道相關的組織可以推薦。

若不知道該怎麼做，首先可以聯絡附近專門醫治貓咪的獸醫，詢問他們是否有推薦的行為學家，接著可以

試著詢問收容所、流浪貓救援團體、合法寵物業者，或是有養貓的朋友。若還是沒有得到理想的答案，可以用「貓」和「行為」當關鍵字上網搜尋。

最後，無論從哪裡找到了行為學家，請記住一件很可怕的事：目前在法律上還不需要經過專業認證，任何人都可以自稱行為學家。因此在決定雇用對方之前，先問對方以下幾個問題：

- 「請問你是國際動物行為諮詢協會的成員，或是其他動物行為組織的成員嗎？」（對方可以不是成員，但可以藉這問題推測對方的專業程度。）
- 「請問你每年平均大約處理多少個案？」
- 「請問你以行為學家執業多少年了？」
- 「請問你有任何學位或證照嗎？」（博士學位、獸醫學位或相關的重要證照。）
- 「你有出版過任何關於貓咪行為的文獻（文章或書籍）嗎？」
- 「你有任何同行的推薦人嗎？」
- 「有任何客戶願意為你背書嗎？」
- 「你有與任何獸醫或獸醫學系合作嗎？」

若對方覺得被這些問題冒犯或羞辱的話，就去找別人吧，因為好的行為學家會非常樂意證明自己的專業，也會希望能為貓咪幫上忙。此外，他們也能理解你之所以會問那些問題，是因為你非常在乎自己的毛寶貝，因此希望能找到最專業的人士來幫忙，而不是隨便找個庸醫來敷衍了事。

我們在這章學到了…

- 問題行為可能源自基因。
- 找出問題的第一步，就是帶去看醫生。
- 若獸醫查不出問題，也可能是有些基因中的問題尚未浮現。
- 有時當問題一籌莫展時，專業的行為學家或許可以幫忙找出導致問題行為的原因，並成功訓練貓咪調整行為。

第三章

貓咪風水學：打造理想的居住環境

你可能已經找出問題行為背後的原因了，因此現在該來了解如何打造適合貓咪的生活空間與環境，進一步減少發生問題行為的機會。貓咪的行為主要取決於日常生活的整體環境。

信不信由你，但有一套貓咪專屬的居家風水學，能讓愛貓生活得更舒適、安全和自在，也能和主人過得更融洽。是否偶爾願意讓貓咪出門，也會影響到貓咪在家中的生活，因此，首先就來比較一下放養貓咪的優缺點。

室內好，還是戶外好？

　　養貓的人通常分為「室內派」和「自由放養」兩派。支持貓咪最好只養在室內的人，通常主張有以下優點：

- 不會因為亂走而迷路。
- 不會遭遇車禍、被狗追或被討厭貓的人虐待等危險。
- 不會被郊狼、狐狸或老鷹殺死。
- 不會從其他貓身上感染到疾病，例如貓白血病（FeLV）、貓免疫缺陷病毒（FIV）或貓傳染性腹膜炎（FIP）。
- 比較不容易感染到心絲蟲等致命的寄生蟲，也比較不會得到跳蚤或壁蝨。這兩種寄生蟲都有可能傳染疾病給人類。
- 不會因為亂吃垃圾而生病、不會因為喝到放有防凍劑的水而生病或死亡，也不會誤食老鼠藥，或是吃到被老鼠藥毒死的老鼠。
- 不會與其他路邊的貓打架或交配（若未絕育，還可能會有懷孕的問題）。
- 比較沒機會捕殺鳥類或老鼠，因此比較不會帶屍體回來當禮物。

　　把貓養在室內的好處有很多。不過，先來看看讓貓咪自由在外有哪些好處。我個人認為，放任貓咪在外的壞處遠多於好處，但這裡還是要來比較一下雙方的論點：

你知道嗎？

　　根據美國人道主義協會研究，放養在外的貓咪通常活不過五年，但養在室內的貓可以活超過二十年。

- 貓咪喜歡探索不同地方。若不能出去走走，整天被關在家可能會覺得無聊。
- 住在室內容易變胖，因為沒什麼事情可做，所以整天都在睡覺。
- 貓咪會自行在外解決排泄問題，所以家裡甚至不需要擺放砂盆。
- 貓咪會幫忙除掉住家附近的老鼠或其他齧齒類動物。

但我想讓貓咪自由在外……

很多人可能認為讓貓咪能自由進出是為牠好，但放任貓咪在外其實是在與死神賭博。根據美國人道主義協會（HSUS）的調查，放養在外的貓咪通常活不過五年，因為戶外的潛在危機實在太多。然而，養在室內的貓若照顧得宜，甚至可以活超過二十年。

另一個要考慮的因素，就是很多人會看戶外的貓不順眼。比起回家用砂盆，貓咪可能認為借用一下鄰居的花園還比較方便。若鄰居發現貓咪在盯著他的鳥籠，肯定也不會只是袖手旁觀。另外，很不幸地，世上很多病態的人就是純粹厭惡貓咪的存在。

養在室內的最大好處，就是能確保安全。若讓寵物獨自在外遊蕩，就無法得知牠面對到什麼樣的人物或危機。

若堅持要把貓養在戶外，上述論點大概也無法打消你的念頭，但我希望你至少能考慮加裝柵欄，加減提升貓咪在戶外的安全性。雖然無法徹底避免貓咪出事，但至少能大幅降低風險，而且鄰居也不會再對你和貓咪發怒。

柵欄和巨型圍欄

讓貓咪自己在外遊蕩絕對是一件非常危險的事。然而，若裝有正確的圍籬或柵欄，就能讓貓咪偶爾享受戶外時光。記住，貓咪會跳過一般的柵欄，而且其他掠食者也可能會跳進來攻擊貓咪。貓咪也可能受到寄生蟲或其他自然災害威脅。若想讓貓咪安全享受陽光與新鮮空氣，就必須有特別的設備。

貓柵欄的原理運用了視覺上的錯覺，也就是柵欄本身雖然很堅固，但看起來卻很脆弱，因此會讓貓咪不敢爬上去。貓柵欄有很多種，大部分都可以在網路上買到，有些可以獨立使用，有些則必須安裝在既有的柵欄上。

有些巨型圍欄已經預先組裝好，可以輕鬆讓貓咪在後院或陽臺安全享受戶外的感覺。可以到以下網站瀏覽這類商品：

貓柵欄

貓咪討厭看起來不堅固的東西。因為牠們不信任無法支撐自己體重的東西。貓咪專用的柵欄故意設計得看起來很不穩定。當貓咪用前腳碰觸時，柵欄就會搖搖晃晃，讓貓咪無法爬上去。這會讓大部分貓咪不想爬上去，因此就會乖乖待在安全的後院。

任何有責任感的飼主都不該在沒人盯著的情況下，讓貓咪自己在外行動。請務必隨時跟在貓咪身邊避免發生任何危險，也要注意別讓貓咪跑遠了。如果想要再多一層保障，可以在戶外裝設巨型圍欄，或是用牽繩來遛貓。

- 價格親民的貓柵欄：www.catfence.com
- 貓用戶外圍欄：www.cdpets.com
- 貓咪防護柵欄：www.catfencein.com
- 貓咪步道：www.kittywalk.com
- 完美貓護欄：www.purrfectfence.com

除非你的貓是逃脫大師胡迪尼轉世，否則只要架設柵欄，就能避免貓咪走失、叨擾鄰居、流浪街頭或被車輾斃。雖然柵欄或圍籬無法徹底避免掠食者攻擊（例如被闖入的動物弄傷或咬死），但比起毫無遮掩的戶外已經安全許多。另外，架設柵欄能讓貓咪在相對安全的情況下感受到戶外的滋味。

農舍貓

許多住在鄉下地方的人會飼養農舍貓，也就是專門為農舍除去鼠患的貓。這些貓通常是半野生的貓，也就是牠們與主人之間通常沒什麼感情連結，而且不擅於和人類相處。這類群聚於農舍附近的貓往往活不過八歲，因為常會死於疾病、寄生蟲或掠食者攻擊。

若有在餵養農舍貓，可以將牠們帶去絕育，避免過度繁殖的問題。許多團體會以 TNR（誘捕、絕育、放回原地）的方式，控制各地流浪貓的數目，可以向這些團體請教如何在不傷到貓咪的情況下誘捕牠們。另外，也必須為所有在外的貓咪施打疫苗，避免狂犬病等危險疾病散播。

從戶外回到室內

有些貓可能天生就不習慣住在室內，更別提曾經在外自由自在的野貓。就算你的貓咪從小就住在室內，你可能也會遲疑到底偶爾讓貓咪自由出去走走會不會比較開心。畢竟，這本書一直在耳提面命要避免讓貓咪感到無聊。雖然貓一天睡十六到二十小時，但還是有四到八

小時必須找樂子或運動，而整天待在室內除了亂抓東西、跳上桌子和翻倒東西之外，好像也沒別的事可做了。然而，其實只要準備一些健康又有趣的活動，貓咪在家就不會無聊。貓抓板、跳臺、玩具和小房屋都能讓貓咪玩很久。每天與貓咪遊戲，並在沒人在家時讓貓咪自己有玩具玩，貓咪就壓根不會想要出門。若貓咪有喜歡坐的地方，就可以在窗邊裝個臺子，讓貓咪輕鬆趴著享受窗外的景色。別忘了也可以讓貓咪彼此陪伴，就能避免無聊！

打造正確的居家環境

無論理由為何，你現在決定要把貓養在室內了。做得好！貓咪其實比較喜歡室內，因為牠們喜歡在自己的舒適圈中安心生活。儘管貓咪喜歡安定的居家生活，牠們仍然需要一點變化來調劑，像是調查新奇的事物，或是玩追逐、飛撲、抓東西等遊戲。以下將談談如何營造一個能讓貓咪開心生活的環境，而且好消息是，這比想像中還容易做到。

貓玩具
（讓貓咪自己玩到瘋）

讓貓有事可忙其實很容易。身為天生的獵人，貓咪可以攻擊、抓咬或玩弄任何像獵物的東西好幾小時。若沒有給貓咪任何可以調查或攻擊的東西，牠們也往往會自己找到東西來玩。困難之處在於，貓咪喜歡什麼樣的玩具沒有一定的準則。

當我在逛寵物用品展的攤位時，老闆總是會誇下「貓咪保證愛玩」之類的海口，例如我很常聽見「這很好玩，我的貓會玩好幾個小時」這種說法。當我買回家拿給貓咪之後，猜猜看結果如何？比起玩具，貓咪對包裝袋更有興

街貓聯盟

根據統計，光是美國就約有上千萬隻流浪貓。許多流浪動物保育團體會以「TNR」（誘捕、絕育、放回原地）的方式控制數目，也就是將流浪動物閹割或結紮後再放回原處。這樣的方法不但使流浪貓群落大幅減少，也能讓這些貓變得更親近人，或至少比較不會惹麻煩。若想了解更多資訊，可造訪街貓聯盟的網站：www.alleycat.org。

趣。這是因為每隻貓具有不同的個性和審美觀，一隻貓喜歡的東西，另一隻不一定會喜歡。因此，必須事先做好心理準備，一定會浪費一些錢和時間買到貓咪視若無睹的玩具。

　　好消息是，貓玩具通常都不貴，例如小小的老鼠布偶通常是口袋的零錢就買得起。若在寵物展跟不同攤販各買一個玩具，就能用少少的錢買到五花八門的新玩意。

　　由於貓咪很聰明，因此同樣的玩具可能在玩個幾天後很快就會玩膩，因此必須頻繁更換玩具。最好的做法，就是把玩具放進充滿貓薄荷的容器中，藉此聞起來像新的玩具。接著，大約每週輪替一批玩具。另外，也要準備各種類型的玩具，這麼做不但可以為生活增加一點變化，也能讓貓咪的大腦運動。

貓咪的行為主要取決於日常生活的環境。貓咪基本上喜歡待在室內，尤其喜歡待在自己舒服的地盤中度日。

貓跳臺

　　貓咪會三維思考，在野外時會靠爬樹來狩獵或躲避危險。不幸的是，大部分現代住家中都沒有足夠的垂直空間讓貓咪活動，因此貓樹或貓跳臺就非常重要。

　　貓跳臺通常都會鋪毛，讓貓咪可以舒服地從高處俯視牠的王國（和奴才們）。當貓咪受到驚嚇或是被家裡的狗糾纏時，也可以有個安全的高處避難。大部分的貓都喜歡高處，因此有個堅固的東西可以爬，會讓貓咪非常開心。

　　許多貓跳臺會附麻繩或瓦愣紙材質的抓板或抓柱，有些也會附玩具。雖然貓咪可能會很喜歡上面的玩具，但不能因此就不再親自花時間和貓咪玩。

　　有的跳臺很樸實，有些則很奢華。就算手頭比較吃緊，應該也能在附近的寵物用品店找到便宜又不錯的跳臺，或是透過郵購、網路訂購等其他方式買到。也可以根據家裡的裝潢訂做客製化的跳臺，但價格當然會比較高昂。原則上，跳臺愈大或附加愈多東西就會愈貴。

　　若貓咪不喜歡跳上跳臺，可以把跳臺放到其他位置試試。放到窗

玩具、抓板和跳臺可提供貓咪生活所需的刺激與運動。

邊是個不會出錯的選擇。也可以放到貓咪愛爬的櫃子旁邊。若牠喜歡貓薄荷，可以灑一點在跳臺上。也可以用逗貓棒引誘貓咪跳上跳臺。相信貓咪很快就會愛上這個新家具。

貓抓板

　　磨爪是貓咪與生俱來的行為。貓咪會藉由抓東西來標記地盤、磨尖爪子，或是作為一種伸懶腰的方式。雖然貓咪必須抓東西，但不一定要抓家裡的新沙發吧？這種情況，就是貓抓板派上用場的時候了。

　　抓板有許多不同的形狀與尺寸，而最好的抓板當然是你家貓咪愛用的那種。有些是直立的，有些是橫放的，建議挑選長型且磨爪面積較大的抓板。貓抓板可以是各種材質，例如瓦愣紙、麻布、絨毯或軟木，只要貓咪能抓得開心就好。

　　雖然許多跳臺都會附抓板，但對貓咪來說只有一兩個可能還不夠。貓咪無論在客廳、臥室或書房，都需要有地方能夠磨爪。若貓咪曾在某些家具上磨爪，就放一塊貓抓板在那些家具旁邊，藉此轉移貓咪的磨爪對象。

砂盆

　　雖然聽起來有點怪，但貓砂盆的擺放位置非常重要。貓咪和人類一樣都有排泄的需求，因此砂盆要盡量放在容易抵達的地方。否則，貓咪會自己找順眼的地方解決。

　　若家裡不只養了一隻貓，就必須放好幾個砂盆。惡霸貓可能隨時會佔著茅坑欺負其他的貓，因此多放幾個砂盆就能避免紛爭，也能讓

讓失寵的舊玩具鹹魚翻身

　　為舊玩具賦予新生命的訣竅，就是放進充滿貓薄荷的容器中。一個禮拜後，把貓咪正在玩的玩具收起來，然後用「修好的」舊玩具取代。如此一來，貓咪就會以為主人又為牠去買新玩具了。這時，可以把那些收起來的玩具再埋進貓薄荷中，一週後就又可以讓貓咪玩「新玩具」了。

每隻貓咪輕鬆解決生理需求。

　　砂盆類型也得經過仔細挑選，例如體型較大的貓就需要較大的砂盆。若讓體型較小的貓使用巨大的砂盆，感覺就像每次小便都要爬過聖母峰一樣。有些貓在使用封閉型的砂盆時會有幽閉恐懼症，有些貓則喜歡有隱私的感覺。先了解自家貓咪的品味之後，再挑選適合的砂盆。

和諧的家庭

　　若家裡的用品能夠滿足貓咪的每日需求，不只能讓貓咪過得開心，也能確保牠們的身心健康。更重要的是，心滿意足的貓比較不容易出現問題行為。

若能讓貓咪過得舒適、安全，且能滿足天性及需求的話，就比較不容易出現問題行為。

訂下家規

　　貓咪剛來到家裡時，必須學習新規矩，例如砂盆位置、放飯時間、哪個窗邊是賞鳥貴賓席，還有這個家的家規。

　　一開始就要讓貓咪知道可以和不行做哪些事。一旦發現問題行為，就要儘快著手矯正，因為習慣養成愈久就會愈難改變。只要有耐心並願意花時間不斷訓練，貓咪就會知道主人希望牠怎麼做。

　　家裡的所有成員都必須學習與貓一起生活的規矩，像是如何照顧貓咪的生活起居，或是哪些東西該收好避免貓咪接觸。最重要的，就是確保貓咪守規矩及受到良好照顧，而這項最重要的任務就落在你身上。

我們在這章學到了…

- 把貓養在室內是最佳的選擇。
- 若非得讓貓自由進出，就必須架設柵欄或巨型圍欄以確保貓咪安全。
- 貓咪需要大量新奇的玩具，否則每天玩下來很容易膩。
- 設置跳臺、抓板和砂盆對貓咪來說非常重要。
- 貓咪的行為主要取決於日常生活的環境。

第四章

該養在室內還是戶外？

不管別人怎麼說，你就是覺得讓貓咪在戶外呼吸新鮮空氣跟運動比較健康，一心想讓貓咪過著回歸野外的生活，而非一天二十四小時關在家裡。但你家貓咪的個性非常兇悍，會對其他貓咆哮嚎叫、打架鬧事。

牠會去翻鄰居的垃圾桶、在花園亂挖洞，破壞映入眼簾的一切。另一邊的鄰居也很生氣，因為貓咪在他的車上留下了沾滿泥巴的腳印。你的兩邊鄰居都受不了了。

很難相信一隻小貓咪可以造成這麼多麻煩。此外，有人也曾警告過你，若貓咪被動物管制員抓走，到時候去收容所把貓認領回來時，必須付一大筆罰金。這可不妙。但貓咪的那些行為都是出自本能，是天生就會做的事，所以牠們也不可能會改變。所以也許，該改變的是你的思維？

重新看待貓咪

在二十世紀之前，貓咪普遍被認為是戶外動物。過去許多人住在郊區，因此大部分的貓都是被養來防鼠患的，很少被當作家裡的寶貝寵愛。也因為貓咪需要到戶外才能抓老鼠，所以把貓完全養在室內並不合理。過去的人和現代的我們看待寵物的方式非常不同。

盡責的飼主就該考慮到，放任貓咪在外對牠們來說會有多危險。千萬別讓貓咪獨自在外遊蕩。

過去是過去，現在是現在。目前約有三億人住在美國，其中很少人真正算是住在郊區。貓咪依舊是熱門寵物，但牠們不再像當初馴化時一樣必須打工換宿。雖然有些人家裡有老鼠或害蟲，但我們現在會用各種商品解決問題。雖然貓咪不再工作，但養貓的人卻不減反增，甚至比養狗的人還多。身為現代的飼主，我們不能再將貓咪當作過去的務農工具看待，而是必須將牠們視為陪伴我們的摯友。

貓咪的現代生活

我們的世界在二十一世紀已經變得相當複雜且擁擠。身為盡責的飼主，我們必須仔細想想住家周邊有多少東西可能會傷害到貓咪。貓咪可能會亂過馬路、誤闖高速公路、被狗追，或是被人類虐待，因此不該放任貓咪自由在外生活。每年都有成千上萬隻戴著

項圈的貓咪橫死街頭。每當我看見這些明明戴著可愛項圈的貓咪，卻在路邊落得如此不幸下場時，都會感到十分心碎。不知道當主人看到他們的貓咪倒在路邊時，心裡會怎麼想？他們該怎麼跟心急如焚的小孩解釋這一切？

　　車禍不是唯一的問題。曾經有位婦人跟我說，她的貓咪就在家裡的前庭被鄰居的狗咬死。她很氣鄰居放任他們的狗亂跑，但我很想跟她說，難道她就沒想過該把貓咪養在室內嗎？她不知道這悲劇當初是可以避免的嗎？另外，不是只有狗會攻擊貓咪，就算是在許多美國大城市裡，也常會有狐狸或郊狼出沒，牠們也常會獵食各種寵物。此外，每過一段時間就是會出現喪心病狂的人，專門去凌虐自由在外的貓咪。若覺得這些問題還不夠嚴重，貓咪一旦接觸到帶有貓免疫缺陷病毒（俗稱貓愛滋）或貓白血病病毒的流浪貓或其排泄物，就很容易罹患到這些不治之症。

　　你可能會好奇，有這麼多危險在外，怎麼還會有人想讓自己的愛貓在外遊蕩？因為有些人認為整天把貓關在室內很殘酷，而且他們認為一直以來都放任貓咪自由進出也都好好的，所以不願作出改變。也許這些人該重新想想是否該繼續這麼做了。

為何會有流浪貓

　　雖然貓咪是領域性動物，但貓咪的地盤可以非常大，甚至大到超出家裡的範圍。再加上貓咪其實不容易攔得住（一般的圍牆或柵欄都沒用），所以基本上貓咪想去哪裡就會去哪裡。若家裡的母貓尚未絕育，發情時肯定會出去四處尋歡（若是未結紮的公貓，就會在母貓之間流連忘返），因此行動範圍就會再擴大。

　　就算你愛你的貓，你的貓也愛你，當你放任貓咪自己在外面探索新大陸時，你真的認為牠知道在都市叢林或荒郊野外中，哪些東西很安全，哪些可能會要了牠的命嗎？你敢這樣放任自己的人類幼兒在外

遊蕩嗎？肯定不敢對吧？那為何對貓咪就做得出這種事？

有些貓只喜歡在住家附近活動，但也確實有些貓比較熱愛自由，因此會四處遊蕩並惹禍上身。畢竟，外面的世界有太多「有趣」的東西可以觀賞與嘗試了。若貓咪未絕育，可能就會四處尋歡，甚至捲入求偶的爭鬥中。貓咪也可能對垃圾桶或鄰居花園裡的堆肥味道感到好奇。總之，各種原因都會讓貓咪不知不覺四處探險，而讓貓咪身處這種險境的正是主人。

該如何阻止貓咪外出冒險呢？第一種做法非常簡單，就是像前面提過的，把貓咪帶進室內照顧。對於住在公寓或沒有前庭後院的飼主來說，這也是最實際的做法。只要有夠多事情做，就算完全生活在室內貓咪也不會感到乏悶。

第二種方法就是用特殊的貓柵欄將庭院圍起來，但這個做法有個缺點，因為就算裝了柵欄，其實也不容易完全防止貓咪逃出去或是其他動物跑進來。若決定以柵欄將後院圍起來，千萬不要只用一般的柵欄，因為就算是兩公尺高的柵欄，貓咪也能夠輕易翻越過去，因此普通柵欄根本擋不住。

最好的方法，就是把貓養在室內。大部分曾經在戶外生活過的貓咪一開始都會有點抗拒被關在室內，但只要主人給予足夠的關注，並讓貓咪有很多事可做，貓咪就會漸漸愛上純室內的生活。

若想讓貓咪享受戶外環境，就必須使用特殊的貓籠保持貓咪安全，因為貓咪（以及會攻擊貓咪的掠食者）都能輕鬆翻越一般的柵欄或圍牆。

嚎叫

戶外貓通常都是大嗓門。發情的母貓或風流的公貓在尋找對象時，不太懂得要控制音量。另外，貓咪也會用叫聲來警告別

的動物離開牠的地盤。你可能覺得聽到自己的貓一直喵喵叫很可愛，但附近的鄰居可能早已經聽到火冒三丈了。

我們沒辦法訓練貓咪在戶外時不要喵叫，市面上也沒有賣反喵叫項圈（就算有，貓咪也不會理解那個項圈到底有什麼作用）。就算朝貓咪丟東西，貓咪也只會知道要遠離原地，不會理解大家是希望牠別再叫了，因此也只能認了。我相信四處向鄰居賠罪肯定不是件有趣的事。

打架

若曾在郊外或鄉下住過，肯定聽過流浪貓吵架的嘶吼聲。貓咪會因為很多理由打架，最常見的原因是搶地盤跟搶求偶對象。貓咪吵架的聲音又響亮又可怕，尤其在半夜三點聽起來更是駭人。

貓咪吵架除了嚇人之外，其實還有更嚴重的問題。打架的傷口可能會感染到貓白血病或貓免疫缺乏病毒。也可能在接觸其他貓咪時感染到貓流感。就算你曾經帶貓咪去注射疫苗，也不代表貓咪會就此百病不侵，因為疫苗有時會失效，而且有些疾病仍未有疫苗。你真的願意讓貓咪冒這些健康上的風險嗎？

想完全避免你的貓咪和流浪貓打架，最好的方法就是養在室內。這也是個很好的理由，可以重新省思到底放任貓咪自由進出是不是一件好事。

過度繁殖

除非是為了參加選美比賽，否則沒有理由不讓貓絕育。未絕育的貓不會比較親人，而且事實上現在的貓口數目仍遠多於願意養貓的人

戶外的健康危機

你的貓咪可能在跟其他貓打架後染上嚴重的疾病。若在打架時被受感染的貓咪抓傷或咬傷，就有可能因為傷口接觸到口水而感染到貓白血病或貓免疫缺乏病毒。貓白血病可能會經由共同的飲用水或互相理毛而進一步散播出去。這兩種疾病都很嚴重，而且目前仍無藥可醫。

數。不信的話，可以去附近的收容所問問看何謂「奶貓季」。每年春天和夏天，都會有許多幼貓被送到收容所中，而且絕大部分都不會再活著離開收容所。造成這個問題的原因很多，例如有些人不願將家裡的貓帶去絕育又放任其自由出入，導致貓咪在外四處交配，增加更多流浪幼貓。

貓咪的生理機制和人類非常不同，就連和狗都差很多。貓咪交配的動作會使母貓排卵，因此懷孕機率幾乎是百發百中，再加上每次懷孕都會生出一窩小貓，因此很容易出現過度繁殖的問題。

因此，若家裡的貓尚未絕育，就儘早帶去吧。幼貓只要滿八週大就能進行結紮，而且只要是合格的獸醫師，通常都不會有什麼風險。絕育後的貓比較不會想要四處尋歡，因此會更黏主人。另外，結紮也能避免貓咪罹患生殖器官相關的癌症，不但能避免生出無力照顧的小貓，也能延長貓咪的壽命，何樂而不為？

重新訓練貓咪適應室內生活

到底該如何重新訓練貓咪適應室內生活？基本上就只有一個重點：活動。無論室內或戶外都一樣，忙碌的貓咪就是快樂的貓咪。另外，

由於生活環境比較容易掌控，因此室內貓通常過得比較健康，壽命也比較長。

讓貓咪保持忙碌還有其他好處。規律運動能讓貓咪保持靈活與強壯，還有鍛鍊肌肉、控制體重、提振精神、幫助睡眠等好處。更重要的是，運動和遊戲能讓貓咪擺脫憂鬱、讓思緒更清晰，也能避免出現惱人的問題行為。

讓貓咪適應室內生活

訓練貓咪適應室內生活最困難的地方，在於必須提供各式各樣的刺激引起貓咪注意，就像牠在戶外的生活一樣。遊戲房、貓跳臺、塞入貓薄荷的玩偶、互動玩具和其他用具，其實都是在模擬貓咪的野

較低價的絕育服務

　　無論中央或地方，都有許多補助或免費貓狗絕育的方案。各地的獸醫師通常都會與這些活動配合。聯絡相關機構時，就會有人介紹你附近的有合作的診所。一些較知名的組織有：

美國絕育組織 SPAY USA（www.spayusa.org）

SPAY USA 與全美國超過九百五十間診所合作推行絕育計畫，共有約八千位獸醫師參與其中。費用根據地區及醫師而有所不同。

動物之友Friends of Animals（www.friendsofanimals.org）

聯絡動物之友時，會得到一個住家附近的獸醫名單。每為一隻貓進行絕育，就會收一筆費用（母貓約台幣兩千元，公貓約一千五百元）。在寄出支票或線上付費後，動物之友就會寄證明書，接著就可以帶貓咪和證明書去找清單上的獸醫進行絕育。之後就不會再收取其他費用。

外生活，例如攀爬、跳躍、狩獵和眺望等。舉例來說，若能在貓咪最愛的窗戶前裝設一個平臺，貓咪就能坐在窗前滿足觀察窗外的欲望。

　　為了避免壞習慣，必須在家裡貓咪常磨爪子的地方放置貓抓板。砂盆裡不只得放入貓咪愛用的貓砂，也必須隨時保持乾淨，貓咪才會喜歡使用砂盆。使用費洛蒙安撫貓咪，也能幫助貓咪適應室內生活。

　　儘管以上幾點都做到了，貓咪還是有可能會嚎叫或想要出門。這些情況下，可以試著用食物讓貓咪分心，或是透過響片訓練讓貓咪培養好習慣（詳見第二章）。無論如何，記得不要對貓咪的叫聲有回應，因為只要接收到任何回應，貓咪就會叫得更賣力。若貓咪真的叫個沒完，可以試著在房間的另一端揮動逗貓棒。當貓咪上前時，按下響片並給牠零食，藉此強化這個新的習慣（停止喵喵叫）。最後記得順便陪牠玩一下。

　　記住，因為貓咪現在的活動量比過去在戶外時少，因此需要攝取

的熱量也會比以前少。可以跟獸醫師談談如何調整為室內貓的飲食（有些飼料特別標榜適合活動量不高的貓咪食用）。若貓咪開始增胖，最好帶去給醫生檢查一下。

吵著出門

貓咪是討厭改變習慣的生物，因此可能會不願放棄在戶外自由來去的生活。曾經在外生活過的貓咪可能會像個逃脫大師，先守候在門邊再隨時找機會脫逃。每當要打開家裡大門時，可以把貓咪抱起來避免牠衝出去。若暫時會有很多人進進出出，就乾脆先把貓咪帶到其他房間內關起來。若有需要，可以在房屋外側裝上戶外隧道或巨型圍欄，讓貓咪可以安全享受戶外環境。

培養感情

為了讓貓咪順利適應室內生活，主人必須要多花時間在家陪貓，而且不只是和以前一樣待在家而已，而是要花時間跟貓互動。每天撥出一段時間和貓咪玩，除了能夠消耗貓咪多餘的精力，也能培養彼此的感情。

雖然開始跟貓咪同住一個屋簷下會出現許多新的問題，也必須負擔更多責任，但你會是貓咪一生中最重要的夥伴。作為回饋，貓咪也會帶給你好幾年充滿快樂與陪伴的時光。

我們在這章學到了…

- 讓貓咪在外遊蕩非常危險。
- 終生待在室內，絕對比獨自在外遊蕩好。
- 貓咪應該要完成絕育手術，不只能避孕，也能避免其他健康問題。
- 戶外貓在經過重新訓練後，也能在室內過得非常開心。

室內活動

　　每天安排遊戲時間，並給貓咪各種玩具，就能讓室內生活的時光充實又愉快。最好的玩具，就是你與貓咪能一起玩的玩具。貓咪不只能開心運動，也能與主人培養感情。附有羽毛或老鼠玩偶的釣竿玩具，或是尾端有羽毛或彈簧的逗貓棒，都是相當理想的互動玩具。貓釣竿跟逗貓棒的設計，讓主人的手可以和貓咪尖銳的爪子和牙齒保持安全距離（這很重要！）。更重要的是，透過玩具（而不是自己的手或腳）跟貓咪玩，貓咪才會知道主人的四肢並不是玩具。

　　以下是專家發現貓咪特別喜歡的玩具：

- 靠電池移動或裝有彈簧的玩具

- 含有貓薄荷的玩具（這只對成貓和具有「貓薄荷基因」的貓咪有效）

- 表面皺皺的或亮晶晶的球

- 貓釣竿

- 益智飼料球

- 老鼠玩偶

- 動物娃娃

- 逗貓棒

　　貓咪是非常聰明的動物，需要外界帶來刺激，也喜歡與這世界互動。若主人沒有給予足夠的關愛與遊戲時間，貓咪就可能會感到無趣或煩躁，進而出現問題行為。最好能每天空出十到十五分鐘陪你的貓咪玩。你的貓咪肯定會很期待每天與你的遊戲時間，而且若你哪天沒辦法和牠玩，牠肯定會很想念你。與貓咪玩遊戲不只能幫助牠社會化，也能讓牠充分運動，讓身體能更健康，大腦和思緒也更敏銳。

　　確保貓咪有很多安全的玩具可以玩。當你不在家的時候，可以把玩具留給貓咪玩，讓牠自己在家的時候有事可做。每隔一陣子可以買新玩具給貓咪，然後暫時將舊玩具收起來。先讓貓咪玩有趣的新玩具，過陣子就可以再把舊玩具拿出來，這時對貓咪來說，舊玩具就會像新的一樣有趣。

第五章

兩個不見得恰恰好：該再多養一隻嗎？

你很愛你的貓，
覺得牠是你的掌上明喵，
雖然決定將牠養在室內，
卻又擔心牠會覺得孤單，
於是考慮為牠找個伴，
生活才不會太單調。
但請記住，除非是自己
想要再養其他寵物，
否則千萬不要為了替貓咪
找玩伴而增加家中成員。

老實說，貓咪跟新的同伴有可能一拍即合，也可能水火不容。在帶回家之前，沒人敢說家裡的貓咪到底歡不歡迎這位新成員。當然，一旦帶回家，也沒辦法再後悔了。

貓咪討厭改變，因此改變家裡的現況，就等於在跟貓咪賭博。好消息是，通常增加新成員不是個太大的問題，關鍵是要讓家裡的貓咪慢慢認識新成員，而且主人要非常有耐心，讓改變進行得愈慢愈好，才能避免嚇到貓咪。

挑選新成員

若要多增加一隻寵物，建議選擇你認為家裡的貓咪會喜歡的動物。要記得，不是所有的貓咪都能夠與其他動物共處一室，因此在去收容所領養新的寵物前，應該先想想家裡貓咪的個性能不能接受新的家庭成員。有些貓雖然內向，卻意外擅長交新朋友。反之，有些很活潑的貓則很排斥分享。飼主必須仔細考慮，怎麼做才會對家裡的貓咪最好，畢竟貓咪陪新寵物的時間，絕對會多於其他家庭成員。

可以根據家裡貓咪的個性，選擇一隻個性相近的貓咪，或許就會比較容易被接納。家裡的貓咪是安靜穩重，還是調皮愛玩？根據貓咪的性情，新寵物或許可以有好幾種選擇。幼貓通常比較容易被接納，但有些成貓會受不了太過調皮的幼貓。與家裡的貓咪相反性別的（幼）貓也會比較容易被接納，但也可能會引起反效果。貓咪通常會受不了幼犬，反而比較容易和成犬打成一片。當然，像是小鳥或倉鼠等容易

貓老大

貓咪天性比較獨立，若你的貓咪已經習慣在家裡作威作福，可能就會不喜歡有其他貓闖入自己的地盤，但這不代表你不能再養其他貓了，很多人其實都養了不只一隻貓。然而，若貓咪現在已經過得非常滿意又幸福，主人也非常寵愛牠的話，其實真的可以不必再養另一隻貓來陪牠。

被貓咪視為獵物的寵物，還是別納入選項中了吧。

　　沒人能知道家裡的貓咪到底願不願意接受新成員。在下決定之前，請記得以下原則：

- 新來的寵物若比較年幼，就比較容易會被家裡的寵物接納。
- 若能一次把兩隻幼貓帶回家，牠們就能一起長大，相處上會比較融洽。
- 若領養年紀較大的狗，最好能夠選擇曾經和貓咪生活過的狗。
- 若覺得家裡的貓咪不擅長社交，那就全心全意愛護牠，讓這個家專屬於牠即可。

增加新成員：另一隻貓

　　我們無法得知家裡的貓能不能接受這個家出現第二隻貓，但若第二隻貓已絕育且與第一隻貓的性別相反，貓咪就會更容易接受彼此。哺乳類動物通常比較能忍受異性或是比較沒有威脅性的同類，但這點也是因貓而異。若決定第二隻要養的是年紀較大的成貓，可以選擇曾經和其他貓咪生活過的貓。

在帶回家見面前，沒人敢說家裡的貓咪到底歡不歡迎新成員。

先做好功課

雖然很多狗狗可以和貓咪和睦相處，但最能確保兩者關係親近的方法，就是從還是小貓小狗時就開始一起生活，不過若缺乏足夠的社會化訓練，還是有可能會出現問題，例如有些擅於狩獵的犬種（例如北方品種或視覺型獵犬）就算從小和貓咪一起長大，也可能永遠都無法全心信任貓咪。這些犬種的狩獵及戰鬥本能非常強烈，因此若貓咪逃跑或發出威嚇的聲音，可能都會引起非常可怕的下場。在為貓咪尋找夥伴前，一定要先做好功課！

第二隻貓不要挑選控制欲很強的貓種，像土耳其梵貓雖然親人又可愛，但很常會霸凌其他貓。若不確定該養哪種貓，可以到美國愛貓者協會（CFA）的網站 www.cfa.org 或國際貓協會（TICA）的網站 www.tica.org 查詢。

一旦決定想要養哪種貓（純種或混種都好，混種又常稱為「米克斯」），首先請從收容所或救援組織找起。很多可愛的幼貓都很想要有一個疼愛牠們的家。雖然收容所中純種貓不會像純種狗那麼多，但只要多看幾間，還是能夠找到不少。有些品種俱樂部也會經營收容機構，聯絡資訊可以在美國愛貓者協會或國際貓協會的網站上找到，也可以到 Petfinder.com（www.petfinder.com）找找看。若非得向育種者購買純種貓，強烈建議先讀過我的另一本書《帶我回家！為何貓咪是寵物首選》（Bring Me Home! Cats Make Great Pets），瞭解如何找到有良心的育種者。

在做出最後的決定前，可以詢問收容所或動物救援志工，看看你喜歡的那隻貓適不適合與其他的貓一起生活。他們通常會知道貓咪在收容所中彼此互動的情形。若他們也答不出來，就只能相信那隻貓咪的個性與自己的直覺了。

貓咪在收容所裡的表現可能會和家裡不太一樣，因為收容所裡的環境會造成非常大的壓力。儘管如此，還是可以聽聽收容所員工對貓咪個性的評估，以作為決定時的參考。

增加新成員：狗

沒錯，貓和狗其實可以在同一個屋簷下和平生活。若懂得不要一

直過度騷擾貓咪的話，其實貓咪不會排斥狗狗的陪伴。然而，有些品種例外，例如前面提過的視覺型獵犬（例如格雷伊獵犬、惠比特犬、薩路基獵犬）和北方品種（例如阿拉斯加雪橇犬、西伯利亞哈士奇犬）可能不適合加入有貓的家庭。這些狗的狩獵及戰鬥本能通常都非常強烈，因此可能會追逐、攻擊，甚至殺死貓咪。有些㹴犬同樣不適合與貓咪共處一室。一切主要取決於狗狗的性情，以及是否會從小與貓咪一起長大。

若家裡想要多養一隻狗，記得選擇個性溫和且適合家庭的品種。不同品種的狗具有不同個性，因此不要為了某個品種的外表很可愛或一時流行而硬要養某種狗。請務必要搞清楚狀況，因為你所做的決定，將會影響你與貓咪接下來十到十五年的生活。

可以到美國犬業俱樂部的網站（www.akc.org）了解不同犬種之間的差異，或是深入了解各個犬種的特性，大部分的俱樂部也會提供犬種相關的詳細資訊。（聯絡資訊可從美國犬業俱樂部的網站上找到。）

接下來，可以聯絡育種者、訓練師或品種俱樂部的飼主，請他們提供建議。大部分的俱樂部成員都會大方描述他們的狗與貓咪互動的狀況。由於這些人是專門繁殖及展示特定犬種的人，因此最好聽從他

們的意見。若他們說哪些狗與貓咪處不來，就千萬不要冒險嘗試。

一旦決定好品種，可以去找專門的飼育家，但更好的做法是前往收容所或到 Petfinder.com（www.petfinder.com）收養。很多人不知道收容所或救援狗之中，其實有很多純種狗，而且也有很多還是幼犬。

若有仔細研究過，找到適合自己家的狗其實不是那麼困難。職業的育種者非常了解狗的品種，因此也可以協助你挑選。同樣地，收容所或救援團體的員工也知道你喜歡的狗種是否能和貓咪合得來，或是推薦其他更適合你的家庭組成或居住環境的狗。若沒有任何人能提供建議，就只好靠你自己在網路上查到的資料及自己的直覺了。

貓和狗一樣，在收容所裡的表現可能會和家裡不太一樣，所以雖然可以相信收容所員工對狗狗的描述，但記得當作參考就好，最重要的還是你和家裡的貓咪喜不喜歡那隻狗狗。

增加新成員：小型寵物

若想要再養的寵物不是貓或狗，而是更小型的動物的話，最好要再三思。小型的老鼠、蜥蜴或魚或許可以和貓咪玩一陣子，但長期下來像這樣被掠食者追捕的壓力會讓小動物無法活太久。

貓和狗其實可以在同一個屋簷下和平生活。家裡想要多養一隻狗時，記得選擇個性溫和且適合家庭的品種。

若新寵物只有口袋的大小，就要避免貓咪接近。要記得貓咪可以輕鬆跳到高處，所以光是把小動物的籠子放在櫃子高處是不夠的。小動物必須生活在安全、無壓力的環境中，而且不能被貓咪騷擾。無論想要養的是哪種小動物，記得要另外騰出安全的空間來飼養。

如何讓寵物好好認識彼此

帶新寵物回家會讓家裡的貓咪感到非常大的壓力，因此必須在帶回家之前先做好準備。很多飼主會讓家裡的貓咪在毫無準備的情況下，被迫接受新成員闖入自己的地盤內，因此日後常常衍生出許多問題。貓咪可能會對新成員產生敵意，新成員也可能會攻擊貓咪。第一印象非常重要，因此剛開始一定要慢慢來，先讓兩隻寵物熟悉彼此，將來才能在沒人監督的情況下也能和平共存。

如何介紹新狗狗

很多飼主在面對寵物的各種需求時都會草草了事，只希望愈快回歸正常生活愈好。雖然難免會有這種心態，但這種想法其實很不切實際，因為動物有自己的步調，因此我們認為幾天就能適應的東西，動物可能得花上數週甚至數個月才行，尤其要讓貓狗適應彼此，所需要的時間可能會更長。

幸運的話，貓咪和狗狗不會太介意彼此的存在，甚至喜歡對方的陪伴，因此整件事很快就能塵埃落定。但情況不會每次都這麼順利，尤其若貓咪從沒見過狗，或總是被狗視為晚餐時，情況就不是這麼樂觀了。

保持隔離！

把兩隻素昧平生（甚至可能彼此厭惡）的動物丟在一起，然後希望牠們能夠一拍即合，其實是非常不切實際的做法，甚至可能引起反效果。因此在彼此熟悉之前，必須先想辦法把雙方隔離。研究一下家

裡的格局,看看哪裡適合隔離兩隻寵物,卻又不妨礙所有人的生活起居。

首先,為狗狗準備一兩個生活空間(若還是幼犬且還沒訓練室內規矩也沒關係)。這個生活空間不能讓狗狗有機會接觸到貓咪,而且最好接近家門口,要帶牠外出才會比較方便。

另外,在貓咪的生活空間中,必須準備好一切的必需品,例如食物、水、抓板,而且一定要記得放砂盆。別讓貓咪每次想大小便時,都得先經過「關著可怕動物的那個房間」才能抵達砂盆。可以使用費洛蒙噴劑或擴香機,為貓咪營造安心的氛圍。雖然市面上也有賣讓狗狗安心的費洛蒙擴香機,但要花比較長的時間(可能得花上六星期)才能發揮效果,因此若要使用,最好在狗狗來到家裡之前就先插上插座。

接下來就是讓兩隻寵物(在對方不在現場的情況下)探索對方的生活空間,也可以直接讓兩隻寵物交換住幾天,讓牠們習慣對方的氣味(記得把貓和狗的生活用品對調)。

必須隔離貓和狗的原因非常單純:雙方必須先熟悉彼此的氣味、聲音與作息。若想帶新寵物回家,這麼做是能讓兩隻寵物壓力都降到最低的方法。

帶新的寵物回家與貓咪見面之前,必須放慢腳步,讓雙方有時間先熟悉彼此的氣味、聲音與作息。

準備逃生路徑

在讓兩隻寵物見面之前，還要確保貓咪的逃脫路線。貓咪需要有高處可以逃離狗狗聞個沒完的鼻子，因此每個房間內都應該有貓咪能夠往上逃的地方，以免狗狗嚇到或追趕貓咪。較大的跳臺、垂直的家具或空中步道也可以有效防止狗狗過度騷擾貓咪。有些家貓不會想到可以藉由跳到高處來逃脫，因此主人必須透過訓練讓貓咪知道每個房間內的「高空避難所」在哪裡。

首先，選擇一個可以讓貓咪練習攀爬的東西（例如貓跳臺）。在開始之前，先來回晃動逗貓棒引起貓咪的注意。當貓咪開始追逐時，一邊繼續搖晃逗貓棒，一邊慢慢把貓咪引導至跳臺旁。當貓咪到達跳臺（或其他高空避難所）的下方時，先用逗貓棒引誘貓咪跳到第一階上。一開始貓咪可能會不太願意跳上去，所以要有點耐心。只要貓咪跳上去，就要和牠玩一下，鼓勵牠做出了這個決定。繼續用逗貓棒引誘貓咪往上跳，直到跳臺最上層為止。若某一階的高度太高，貓咪可能會不想跳上去。若跳臺高度不足以逃過狗狗的威脅，就必須重新擬定逃脫路線，並另外尋找可以讓貓咪爬得輕鬆一點的東西。

狗狗來，見見家裡的貓咪

你的貓咪和狗狗似乎都不太介意對方的存在，而且每個房間的貓咪逃脫路線也已經準備就緒。你覺得是時候讓牠們面對面打招呼了。很好。

有很多方式可以讓雙方見面的過程更順利，其中最好的方法是在狗狗的房間門口裝上嬰兒門欄。門欄的高度要高到狗狗跳不出來，也要堅固到不會被狗狗撞壞。可以提早幾天裝上門欄，測試看看狗狗有沒有辦法逃出來。

最好趁狗狗疲累時安排與貓咪第一次見面，例如運動完或剛吃飽的時候。讓狗狗待在有門欄的房間內，然後讓貓咪在家裡自由走動，讓貓咪自己決定何時想要接近狗狗。若貓咪開始緊張起來，要讓貓咪有辦法逃到屋子的其他地方。現在這個階段，必須讓貓咪主導節奏。

安全措施

你可能會好奇，到底要隔離多久才能讓兩隻寵物見面又不會打架？答案是，通常比想像中還要久。必須先觀察兩隻寵物是否有接受對方氣味與聲音的跡象。所謂的跡象，就是指雙方都沒有焦慮的感覺，只有偶爾會對另一方感到好奇而已。根據寵物的個性與共同生活的空間大小，這過程可能會花上數天甚至數週。

很多人會匆匆就讓新舊寵物見面，但這樣其實很不應該。要知道，我們已經對新寵物有所認識，但家裡的貓咪卻是一無所知。而且帶新寵物回家，表示家裡的現況將會不同以往，這對貓咪來說是非常重大的事。因此，一定要對家裡的貓咪有耐心。將來所有人與每隻寵物才能和樂共處。

若狗狗開始亂叫或是想要衝出門欄，就要制止牠。可透過響片訓練把狗狗的注意力吸引到自己身上，避免狗狗把注意力全放在貓咪身上。我在《與狗互動的簡易指南》（The Simple Guide to Getting Active with Your Dog）書中提過如何以響片訓練狗狗。狗對貓感興趣是正常的，但不可以讓牠對貓咪吠叫或是展開攻擊。

若初次見面的情況不太理想，就先把貓咪帶回牠的專屬房間，然後接下來幾天必須與狗狗重新訓練基本指令。最理想的情況，是狗狗能忽視貓咪，或是起碼不能過度騷擾貓咪。若覺得狗狗已經準備好了，就再讓貓咪出來一次。若貓咪還不想接近狗狗，那也沒關係。貓咪可能還需要時間撫平上次受到的驚嚇。就讓狗狗待在門欄內，等貓咪心血來潮時，自然會想接近狗狗。最好能讓貓咪覺得能夠自己掌握情況，而不是被迫在充滿恐懼的情緒中和狗見面。當然，狗狗可能會不想被門欄關住，但這只是暫時的過程，所以必須忍耐一下。

若家裡（尤其是租屋族）沒辦法安裝這些東西，可以把狗狗放進大籠子裡，然後讓貓咪自己決定何時要接近狗狗。這個做法比較不理想，因為狗狗被關久了可能會感到壓力，而且狗狗也沒辦法以自己的方式去認識貓咪。狗狗可能會因此衝撞籠子，讓貓咪更不敢去認識狗狗。這樣的訓練每天都要做（但每次都不要持續太久），直到貓狗雙方能夠冷靜面對彼此為止。

最後的選擇，就是主人拉著狗狗的牽繩，然後讓貓咪自由在房間

內走動。這方法同樣要交由貓咪決定何時想要接近狗狗。若狗狗做出不恰當的舉動（例如試圖撲咬貓咪），就要立刻制止。也可以每次當貓和狗在同一個房間時，就使用響片把狗的注意力吸引到自己身上，避免狗把注意力全放在貓咪身上。多見面幾次後，就可以拉著狗狗的牽繩試試。最後，可以不用任何道具輔助試試。

　　這樣練習見面的過程要多久？這答案取決於貓咪和狗狗的表現。有些飼主很快就能進到牽繩的階段，甚至就算不用牽繩也不會吵架（頂多偶爾制止狗狗對貓咪過度好奇）。像這樣一起和平共處對牠們來說不是一件容易的事，所以有的貓狗也可能會花上較長的時間。

若上述方法都沒效

　　你已試過各種方法，但貓咪和狗狗就是無法和睦相處。這樣的情況已經持續好幾個月了，但狗狗就是不能安分和貓咪一起生活，而且總是要騷擾貓咪。到底該怎麼辦？

　　好消息是，這樣的情況並不是無藥可救。只要多加訓練，就能讓貓狗和諧共處。你必須要接受一個事實，那就是你可能有些地方做錯了，而且需要專家介入協助。

帶新狗回家前，要先確定家裡的貓咪被威嚇或追殺時，有能力可以逃走。較大的跳臺、垂直的家具或空中步道可以有效防止狗狗過度騷擾貓咪。

在此情況下最好的做法，就是請教狗的行為學家或訓練員，大家一起解決問題。這些專業人員通常會來到家裡評估狀況，然後根據每戶人家的狀況給予最適合的建議。可以從國際動物行為諮詢師協會（IAABC，網址：www.iaabc.org）及寵物犬訓練師協會（APDT，網址：www.apdt.com）找到各地的專業人員資訊。

很多時候當主人感到束手無策時，訓練員和行為學家卻能奇蹟似地逆轉現況。然而，他們也不是萬能，而且有些狗無論如何就是無法信任貓咪。那該怎麼辦？這種時候，就必須勤勞一點留意兩隻寵物的動靜，只要牠們進入同一個房間，就一定要在場監視。貓咪通常會出於天性而避免與狗引起爭端，因此或多或少能減少打架的次數。另外，也可以讓貓咪與狗狗永久隔離，畢竟成貓其實每天有十六至二十小時都在睡覺。主人必須分別為貓咪與狗狗準備專屬的房間，然後在不同時間放牠們出來走走。更重要的是，主人必須分別花時間與兩隻寵物相處，才能讓雙方都感到幸福與安全。很多人常誤解貓咪不需要人陪，但其實貓和狗都需要主人每天陪伴，尤其若牠們沒有其他玩伴時，主人的陪伴尤其重要。雖然貓比狗獨立一點，但陪伴貓咪的時間不能比狗少。若能和貓咪一起睡覺，貓咪也會感到非常幸福。

在見面之前，先把貓隔離起來。只要願意放慢寵物之間認識彼此的過程，就能避免將來發生各種適應不良的問題。

介紹新貓咪

有些研究結果顯示，貓咪偏好自己是家裡唯一的寵物。儘管如此，很多人還是會想要多養幾隻貓。若決定增加家裡的貓口數，就要在帶回家前多下點功夫。

和帶狗回家時一樣，讓家裡的貓和新的貓認識的過程必須按部就班慢慢來。貓咪需要一點時間才能釐清感受。幸運的話，家裡的貓咪可能會和新貓咪一拍即合，很快就成為好朋友，但家裡的國王或女王也可能會討厭新來的貓，或完全不屑一顧。這樣其實也還好。最大的問題是兩

隻貓都感到焦慮，接著各自透過噴尿或抓東西來捍衛地盤，或甚至互相打架。只要能讓貓咪慢慢認識對方，就能避免大部分的問題發生。

保持隔離！

與狗的情況相似，在讓兩隻貓面對面打招呼之前，應該要先隔離雙方。在隔離之前，先在整個家裡和兩個隔離房內都噴一點貓費洛蒙（用噴劑或擴香機都可以）。貓費洛蒙能降低貓咪進入新環境的焦慮感，也能舒緩情緒，進而遏止問題行為出現。

接著，為新貓咪整理出一個房間（臥房或廁所都可以），裡面必須放有屬於牠自己的砂盆、抓板、床、食物及水。舊的貓咪能在家中大部分的地方自由行動，而且能夠聞到新貓咪的存在，卻又不用為了奮力把對方趕出自己的地盤而備受壓力。

同樣，在一兩週後，兩隻貓理應不再感到焦慮。若非如此，就再隔離一段時間，直到雙方都對新的局勢感到安定。接下來，就是讓貓咪交換生活空間幾天，讓牠們能夠熟悉對方的氣味，卻又還不用面對彼此。一旦兩隻貓看似都能接受現況，就可以準備面對面打招呼了。

貓咪來，見見家裡的貓咪

在對方房間生活的時候，你的貓似乎不太在意聞到另一隻貓的存在，兩隻都沒有出現標記地盤或磨爪子的行為。於是你認為，是時候讓兩隻貓咪見面了。

有很多種方法可以幫助貓咪打照面。第一種方法是先把新來的貓咪放到大籠子裡（例如一般狗籠），然後讓另一隻貓進到房間裡自由觀察新貓咪。籠子能為新貓帶來一點安全感，也能讓舊貓以自己的方式去認識新貓。若重複

透過遊戲培養信心

可以透過玩遊戲的方式，提升被霸凌貓的自信心及地位。首先準備牠喜歡的逗貓棒或釣竿玩具。先照一般方式和牠玩。接著就算牠動作再笨拙，也要放水讓牠抓到玩具。之後可以漸漸提昇難度，也就是等久一點再放水。

鼓勵被霸凌的貓對不會傷害牠的東西（例如玩具）發揮積極、凶猛的一面，讓牠跟隨本能去獵捕玩具，就能加強牠的信心。除了磨練狩獵技能之外，一起玩遊戲的過程也能培養感情，讓牠對這個家更有安全感。

這過程幾次後兩隻貓都沒有吵架，就可以放出籠子好好打招呼了。

另一種方法就是前面提過帶新狗回家時的方式，也就是為某個房間裝上門欄。舊貓能夠在家裡自由走動，因此可以由牠決定何時想要接近新貓。接下來，就看舊貓何時心血來潮想要接近新貓了。同樣地，若舊貓看似都不想接近新貓，那也沒關係。讓貓咪以自己的步調接近。然而這方法的問題是，貓咪其實可以輕鬆跳過門欄，最後可能兩隻貓都會在家裡自由走動。因此，這方法必須在有人監督時才能使用。最後，兩隻貓會漸漸習慣對方的存在，接著就能讓牠們面對面打招呼了。

別讓惡霸得逞！

讓兩隻貓相見歡時，要記住：佔有主導地位的貓可能會去欺負另一隻貓。惡霸貓可能會把另一隻貓視為獵物，因此只要有機會就會去攻擊對方。若家裡有一隻貓是小惡霸，可以按照以下方式來解決：

- 家裡至少要有兩個以上的砂盆，而且要放在不同房間，這樣其中一隻貓才沒辦法妨礙或阻擋另一隻貓上廁所。
- 在家裡的不同地方擺放食物及水，就能避免資源遭到獨占。
- 讓被欺負的一方在整個家裡自由走動，然後把挑起爭端的一方限制在某個房間中。
- 透過遊戲與訓練為被欺負的一方培養信心。
- 矯正惡霸貓的錯誤行徑，並鼓勵正確的行為。

霸凌的問題可能得花上很長的時間（例如數個月，不可能在幾天內就解決）才能解決，因此可以諮詢行為學家，以更有效率的方式解決問題。

若沒效的話

之前的醫藥費都還沒付完，兩隻貓咪卻又在劍拔弩張，準備互相攻擊了。牠們就是沒辦法和平共處。該怎麼辦？

只要將兩隻貓隔離一段很長的時間，就有可能讓牠們的戰爭畫上休止符。頻繁使用貓費洛蒙，

你知道嗎？

若總是某隻貓單方面霸凌另一隻貓，問題就不容易處理了。惡霸貓通常會想要獨占所有資源，例如食物、水和砂盆等。只要在家裡多準備幾份這些東西，就能避免被惡霸貓獨占。因為牠不可能同時霸佔所有的砂盆，也沒辦法同時出現在不同房間的水盆前面阻擋另一隻貓喝水。

也能幫助貓咪放鬆。最後，可以試著在行為學家的面前讓貓咪再次互相接觸，行為學家應該會給予一些關於訓練及遊戲方面的建議，讓貓咪能夠學會怎麼和平共處。

　　儘管已經做過各種嘗試，貓咪可能也只是能夠容忍對方存在而已，似乎還是無法喜歡對方。這樣其實已經很好了，因為只要不會打架，就能在同一個屋簷下生活。千萬別在這時候再帶新的貓回來就是了。

如果家裡的兩隻寵物總是水火不容，可以向行為學家求助。

我們在這章學到了…

- 無論第二隻寵物是貓咪或狗狗，跟家裡的貓咪磨合的過程都必須慢慢來，整個期間可能會長達數星期。
- 在讓兩隻寵物相見歡之前，最好先讓家裡的貓咪和新寵物保持隔離。這麼做能讓雙方在見面之前熟悉習慣對方的氣味、聲音與作息。
- 一旦兩者能夠接受對方的存在，就可以在隔著一道門欄（防止打架）的情況下讓雙方開始見見彼此。這麼做能讓家裡的貓咪以自己的步調去習慣新寵物，也能讓新寵物稍微安心一點。
- 若每次見面都會開始廝殺，就必須尋求行為學家的協助。若行為學家幫不上忙，也還是可以養這兩隻寵物。只要讓兩隻寵物保持隔離，牠們就能各自過得非常開心。
- 不是所有品種的狗都能和貓咪處得來。可以先到美國犬業俱樂部的網站（www.akc.org）查詢哪些品種的狗比較適合自己。也可以詢問育種者或流浪動物志工，看看自己喜歡的狗是不是能與貓咪融洽相處。

第六章

攻擊行為： 反社會性格 的貓咪

大部分的貓咪都很親人
又可愛，喜歡被撫摸和
趴在飼主的大腿上撒嬌。
不但很友善，而且
會熱情向人類打招呼。
什麼？你的貓不是這樣？
沒錯，如同有些人
對貓的刻板印象那樣，
有些貓確實不好相處。
這些「反社會性格」的貓
通常很暴力，會攻擊
所有經過牠的地盤
或進到屋內的人。

被去爪的貓咪非常容易產生攻擊性。因為失去部分腳趾會造成疼痛與焦慮，而疼痛的感覺甚至會在手術後持續數週至數個月。想想光是痛個幾天，我們的心情就會變得多暴躁。而這就是被去爪的貓咪的心情，而且這感受在他有生之年都無法擺脫，因為他已經永遠失去重要的生存工具了。

然而，還是有一絲希望。如果懷疑自己的貓咪是因為去爪而具有攻擊性，可以向獸醫或行為學家求助。醫生可以開藥減輕生理上的痛苦、心理上的攻擊衝動，行為學家則可以想辦法修補飼主與貓咪之間的關係。

而且別忘了摸牠們會有多精彩。就算只是輕輕摸一下，手上就準備出現新鮮的抓痕或咬痕。牠們嬌小的身軀和可怕的殺傷力不成正比。對旁觀者來說，或許這些愛生氣的貓咪看起來又可愛又好笑，但若哪天輪到自己去醫院縫傷疤，那可就不好笑了。

唯一能有效處理這種可怕行徑的方式，就是理解為什麼這些貓咪會出現攻擊行為、這些攻擊行為的意義是什麼，以及該如何矯正攻擊行為。

救命！我的貓咪恨我！

萬一貓咪恨你，而且是真的恨透你的話，該怎麼辦？例如早上一醒來，貓咪就伸出爪子撲向你，或是每次經過時，貓咪都會抓你的腳。這樣的情況還有救嗎？

幸好，大部分的情形都還有挽回的餘地。雖然有些被人遺棄的貓會因為恢復野性而無法重新訓練，但受過馴養的動物由於生活在充滿人的環境中（育種者或飼主），因此只要願意付出耐心及時間，通常都能夠改善攻擊行為的問題。

要注意的是，有些貓是天生就具有攻擊性，而不是環境所導致（就像有些狗也是天生就具有較強的攻擊性，而不是受到環境刺激才會攻擊人）。另外，大部分具有攻擊性的貓可能會因為其他原因，例如受到刺激、缺乏社交，或是感到疼痛，而進一步出現其他問題行為。雖然沒有快速有效的解決方式，但還是有其他有效的方法可以將攻擊行為取代為其他較正面的行為。

攻擊行為的種類

要了解貓咪的攻擊行為，就要先找出引發攻擊行為的原因，因為我們要從引發貓咪攻擊行為的問題根源進行修正，而不只是矯正行為本身。以下將詳細解釋常見的攻擊行為種類。

因遊戲（狩獵）而產生的攻擊行為

遊戲（狩獵）攻擊行為之所以會出現，是因為貓咪有強烈的狩獵欲望，因此無論是沿著牆壁爬行的老鼠、羽毛逗貓棒，或是主人的腳，都成為了狩獵的對象。貓咪天生就是會追逐東西，因此若看見羽毛或任何東西來回跳動，就會激發貓咪追捕的本能。

若主人用手或腳跟貓咪玩，也會鼓勵這類的攻擊行為，因為快速擺動的手腳會被貓咪視為獵物，因此成為被攻擊的對象。

如何導正因遊戲（狩獵）而產生的攻擊行為

貓咪無法壓抑自己狩獵的本能。有些貓咪之所以會攻擊主人的手或腳，很有可能是因為過去主人曾經用手或腳逗弄貓咪，因此早已被貓咪視為獵物。透過逗貓棒或釣竿玩具，能將貓咪的攻擊行為從手指或腳趾重新引導到玩具上，因此務必記得跟貓咪玩的時候一定要用玩具，不要用自己的手腳。當然，若貓咪已經時常在攻擊你的手腳，那麼光是玩玩具是沒用的。

想矯正這類攻擊行為，主人必須先做好準備。首先，必須在家裡四處設置玩具，而且必須在貓咪攻擊自己時能夠隨手可得。假設當你

許多有攻擊性的貓之所以出現問題行為，都是因為過度刺激、缺乏社交，或是因為身體正在承受劇痛。

走進廚房時，貓咪跳出來抱住你的腿，這時你要冷靜站穩並拿起玩具，然後將玩具一邊左右搖晃，一邊遠離你的身體，讓貓咪轉而去跟玩具玩。原地站穩會讓貓咪降低攻擊的興致，揮動玩具則會吸引貓咪的注意，讓牠去攻擊更有趣的獵物。

最好每天都能固定安排與貓咪遊玩的時間。藉由和貓咪建立感情並教導正確的遊戲方式，貓咪就會漸漸將你視為朋友，而不是可以撲咬的目標。

因性慾而產生的攻擊行為

當貓咪試圖交配，或是當許多貓咪在競爭求偶對象時，就會出現因性慾而產生的攻擊行為。已結紮的貓咪就不會出現因性慾而產生的攻擊行為。基本上，這類攻擊行為通常是當貓咪試圖擊退其他求偶的競爭對手，或是當貓咪想要拒絕另一隻貓咪求歡時而出現，因此顯然是貓咪與貓咪之間才會出現的攻擊行為。

如何阻止因性慾而產生的攻擊行為

想要阻止因性慾而產生的攻擊行為及其他相關的問題行為，就要把貓咪帶去結紮。然而，必須要家中所有貓咪都完成結紮手術，才能達到最大成效，停止彼此間的爭鬥。當所有貓咪完成絕育手術後，就可以重新讓牠們慢慢認識彼此。

因地盤而產生之攻擊行為

當貓咪覺得需要奮力保護自己的地盤時，就會出現因地盤而產生之攻擊行為。有時為了把外人趕出家園，這些兇狠的貓咪甚至會鬧上新聞版面，例如不久前就有一隻巨大的黑熊因為被貓咪追趕而躲到樹上去。

然而，這類攻擊行為若發生在朋友或鄰居家裡，尤其如果發生在小孩、老人，或經過庭院的陌生人身上，恐怕就沒這麼好笑了。一位英國的飼主就曾因為家裡的貓咪攻擊人而被傳喚。

如何矯正因地盤而產生之攻擊行為

室內貓在意地盤的程度，比想像中還要驚人。若家裡的貓咪總是為了捍衛領土而不惜大動干戈，你可能會覺得家裡再也無法邀請別人來做客了。

這種情況下，主人的首要任務，就是要知道你的貓其實很不安，認為自己必須保衛家園，避免其他人或動物擅闖牠的地盤。若你的貓能夠自由進出家門，就暫時先讓牠待在室內，減少牠與其他動物和陌生人接觸的機會。

帶進室內後，可以使用「費利威」（Feliway）或「舒適圈」（Comfort Zone）等費洛蒙噴劑讓貓咪感到安心，避免牠一直在意窗外流浪貓身上的味道。至於戶外，則可以考慮使用驅貓劑避免流浪貓繼續在住家附近標記而引起家裡的貓咪恐慌。

就算家裡的貓咪沒有和流浪貓狗直接接觸，也不代表彼此之間不會互相影響。光是看見陌生的貓咪，就可能讓家裡的貓受到驚嚇。可以用百葉窗或窗簾遮住貓咪的視野，避免牠看見屋外來來去去的貓狗，然後找一扇陽光充足又不會有不速之客出現的窗戶，讓貓咪可以好好享受日光浴。若家裡不只養了一隻貓，而牠們全都會因為屋外的流浪

能夠減少攻擊行為的用品

市面上有些用品有助於降低貓咪的攻擊性。費利威（或舒適圈搭配費利威使用）能夠非常有效安撫貓咪情緒。這類產品中含有臉部費洛蒙，這味道能讓貓咪感到安心。由於這味道能舒緩貓咪的情緒，因此貓咪不會再覺得自己需要捍衛地盤。若將貓費洛蒙噴灑在貓咪容易出現攻擊行為的地方，例如門或窗戶上，就能降低攻擊行為發生的可能。也可以搭配擴香機使用，就能不斷將味道擴散至屋內的空氣中。順帶一提，人類是聞不到貓費洛蒙的味道的。

雖然費利威的製造商並未宣稱該產品能用來遏止攻擊行為，但由於費利威能有效舒緩貓咪情緒，因此較不容易出現問題行為。

貓狗而躁動時，可以先將所有貓咪區隔開來、讓家裡充滿貓費洛蒙的安心味道，然後試著讓貓咪重新認識彼此。

若貓咪對來到家裡的客人不友善，而且在讓客人與貓咪好好彼此認識之後仍未改善的話，可能就要考慮尋求行為學家的協助，確認是否為地盤性的問題。這種攻擊行為最常見的原因，就是因為客人常在貓咪想要獨處時硬要摸牠或是跟牠玩，因此貓咪感到備受威脅。由於你家貓咪的防禦心本來就已經很重了，再加上這般對待，因此自然很容易隨時發飆。行為學家能夠幫助你和貓咪的生活回到常軌。他們可以找出關於地盤方面可能引起貓咪攻擊行為的原因，然後根據主人的狀況給予最適合的建議。

過度刺激

很多人在與貓咪享受兩人的情感交流時間時，很容易發生這樣的狀況：貓咪走向主人想要討摸，但是一旦伸手去摸，貓咪卻用力抓或咬你的手。你的手被留下傷痕，貓咪也很生氣。到底是怎麼回事？

如何停止貓咪在撫摸期間的攻擊行為

或許很多人感到難以置信，但是當貓咪覺得被摸夠的時候，牠們

當貓咪沒辦法對惹牠生氣的事物宣洩怒氣時，就會出現轉向性攻擊行為，也就是轉而去抓或咬眼前最接近的東西（也就是你）。

就會因為過度刺激而被激怒。雖然每隻貓的個性不同，但大部分的貓都不喜歡被摸或抱太久。而且這不是貓咪本身的問題，而是主人的錯。貓咪可能就是只能被摸個一兩下，或是根本討厭被摸，這要根據牠當時的心情而定。別誤會我的意思，當貓咪跳到腿上或是在腳邊磨蹭時，確實該照牠的意思摸摸牠。你該做的，是學會觀察過度刺激的徵兆，並學會如何避免貓咪攻擊。

貓咪受到過度刺激的徵兆包括耳朵開始下壓、瞳孔擴大、身體變僵硬、全身的毛像稻浪一樣波動、尾巴像皮鞭般甩動，或是一聽就知道在生氣的低吼聲。若貓咪開始出現這些反應，就立刻停止撫摸。若有需要，可以讓牠離開你的腿。只要在看到這些徵兆時提早做出反應，貓咪就不會再將撫摸視為威脅，因此也沒有宣洩怒氣的必要。長久下來，貓咪也會懂得應該要在發飆前提示主人「拜託別再摸我了」。若能像這樣彼此配合，就能提升與貓咪的交流品質，進而加強與貓咪的情感羈絆。

轉向性攻擊行為

當貓咪沒辦法對惹牠生氣的事物宣洩怒氣時，就會出現轉向性攻擊行為。因此，貓咪就會去抓或咬眼前最近的東西。舉例來說，當貓咪看見有流浪貓進到家裡的庭院，但牠無法出去把不速之客趕走時，這時若主人剛好走到牠身旁，牠就會去抓主人以展現自己的厲害之處（畢竟嚴格算起來，主人確實是踏進了牠在室內的地盤）。很不好，對吧？

如何糾正轉向性攻擊行為

想要預測轉向性攻擊行為，就只能盯著水晶球看，因為除非能夠預測未來，否則幾乎不可能知道何時會有什麼事惹貓咪不悅。

一旦貓咪出現轉向性攻擊行為，最好在發生當下想辦法讓貓咪分心。可以用費洛蒙舒緩貓咪，或是跟貓咪玩，否則情況可能會惡化。此外，若能就近觀察貓咪，看是什麼情況導致貓咪出現攻擊行為，或許就能避免問題再次發生。若攻擊行為不斷出現，你也已經束手無策，不妨請教貓咪行為學家幫忙找出原因並矯正問題行為。

因恐懼或痛苦而產生的攻擊行為

恐懼與痛苦是天生會引發攻擊行為的催化劑。換句話說，這樣的攻擊行為是出於自我防衛的生存本能。當貓咪認為自己處在危險之中（也許牠真的感受到了威脅），或是疼痛的感覺令牠感到生死交關時，就會為了生存而具有攻擊性。恐懼（「這狀況讓我感到害怕」）或痛苦（「我覺得好痛，我要不擇手段逃離這裡」）會讓貓咪變得固執又野蠻。當貓咪感到痛苦或恐懼時，就會出現失去理智的行為。

有時候很難看出貓咪痛苦與否。不小心踩到貓咪尾巴時，可以明顯看得出貓咪感到痛苦，但若貓咪患有關節炎或其他生理疾病時，就不容易察覺。貓咪不擅長處理不舒服的感受，而且牠們不會把痛苦藏在心裡，而是會向周遭遷怒，而主人可能就因此掃到颱風尾。因此就算認為家裡的貓咪是出於其他理由而出現攻擊行為，也最好先帶去給獸醫檢查。

霸凌行為

還有一種攻擊行為值得討論，那就是惡霸貓的霸凌行為。或許你已經猜到惡霸貓會做什麼事。惡霸貓很少見，然而一旦碰上了，鐵定畢生難忘。惡霸貓不只會霸凌其他貓，還會欺負狗與人類。

惡霸貓通常是需求很多的貓，若是無法滿足牠們的需求，罩子就最好放亮一點！牠們通常都很強壯，而且似乎有多重人格，所以總是令人捉摸不定。惡霸貓需要主人花很多時間關注牠，否則就會亂叫或甚至發動攻擊。由於這類貓咪通常會出現不只一種問題行為，因此讓飼主和訪客都非常困擾。

總而言之，這些小惡霸就是不會讓主人過正常生活。就像狗群之中會有金字塔頂端的大哥一樣，貓群之中也會有大姐頭。聽起來有點好笑，但其實問題很嚴重。對於一心想讓貓咪和平共處的主人來說，這問題格外棘手。若養到了惡霸貓，可能全身上下都會充滿抓痕。舉例來說，當惡霸貓想要吃東西時，若主人沒有立刻滿足要求，牠可能會叫個不停或直接出手抓你，牠也可能因為討厭陌生人，而從背後攻擊客人。家裡若同時有養狗，當惡霸貓心情不好時，可能就連狗也得退避三舍。

惡霸貓並非天性如此。有時候太早斷奶的貓容易成為惡霸，但大多時候其實是主人把家裡的貓一手養成了惡霸。原理基本上就和把孩子寵壞一樣，解決方式也同樣是要在無法挽救之前儘早矯正。

草螟弄雞公：
轉向性攻擊行為

若在貓咪玩得正激動時突然萌生愛意想要摸摸牠，那就是自討苦吃而已。貓咪之所以會攻擊你，是因為牠正受到過度刺激，因此出現轉向性攻擊行為。這很可能是因為你拿走了牠最愛的玩具，或是牠認為你還沒「下班」，應該要再多陪牠玩一下。

若這現象常發生，最好的做法就是用逗貓棒或貓釣竿來跟貓咪玩。除了能避免手腳遭到波及之外，貓咪也能透過走離原地的方式，向主人表達牠已經玩夠了。若想提早結束遊戲時間，可以丟個貓咪能夠自己玩的玩具給牠，但千萬別在這時候想要摸摸牠跟牠道別，因為貓咪此刻仍處於激動的作戰模式中。除非你希望身上多幾道疤，否則別在這時候抱牠。

首先，把貓咪帶去給醫生仔細檢查。有時候貓咪是因為身體出問題才會出現問題行為，因此別隨便排除這個可能。向行為學家求助也是很好的方法。

對付惡霸貓其實一點也不困難。由於要使壞其實也很累，所以若能讓貓咪宣洩足夠的精力，貓咪就會比較守規矩。為貓咪準備好玩的玩具、跳臺和充足的遊戲空間，然後親自花點時間陪貓咪玩，貓咪就會失去擺出惡霸行徑的必要性。

也可以實行「天下沒有白吃的午餐」政策。壞貓咪就和鬼靈精的壞小孩一樣，聰明的腦子盡是想著如何調皮搗蛋，因此主人可以利用牠們聰明的頭腦讓牠們做些特別的事。若獎賞夠誘人，大部分的貓咪其實可以學會一些小花招。可以簡單教貓咪基本的「坐下」等指令，然後在每次餵食或遊戲前訓練牠按照口令做事。教導貓咪聽從口令然後給予獎勵，就能讓貓咪不再成天想著如何作怪，也能讓牠們養成一些較好的習慣。我想大部分的主人都寧可訓練自己的貓咪在吃飯前擺出招財貓的動作，而不是對主人又抓又咬。

如何預防攻擊行為

若貓咪具有攻擊性，也許你已經找出攻擊行為的來源，也可能還沒。或許你很確定是行為問題。有很多方法可以解決貓咪的攻擊行為。第一步最好是尋求行

惡霸貓尋求的其實只是主人多一點的時間與專注。若得不到，牠們就會叫個沒完或出現攻擊行為。

為學家的協助，他們能評估貓咪的狀況並提供協助。一旦確定貓咪出問題的原因，就可以試著開始在家中解決問題。若你決定不要尋求專家協助，想要自己解決問題，那請務必在過程中納入以下的事項：

絕育／結紮

在開始任何矯正計劃前，先將家中所有貓咪帶去結紮，避免貓咪之間出現性衝動。移除性衝動，就能去掉造成攻擊行為的可能性，或是其他問題行為。舉例而言，雖然貓咪在絕育後仍可能會四處噴尿，但頻率會大幅降低。

任何合格的獸醫師，都有能力進行絕育（移除母貓的卵巢和子宮、移除公貓的睪丸）手術。幼貓只要滿八週，就能進行絕育手術，而且不會有不好的影響。

絕育手術除了能避免貓咪懷孕之外，也能避免或降低貓咪罹患某些癌症，因此若沒有要讓家中的寵物繁殖，就應該要帶去結紮。

陪貓咪玩

很多貓咪因為累積太多精力而出現攻擊行為。就像無所事事的青春期孩童一樣，無聊又沮喪的貓可能會將精力發洩在一些不該做的事

情上。每天與貓咪一起玩好幾次，就能幫助貓咪宣洩精力並且培養感情。

玩具種類

大部分的人想到玩具時，都會想到塞滿貓薄荷的老鼠小玩偶。雖然那種玩具很適合貓咪自己玩，但其實不適合和主人一起玩。其中一個原因，是因為主人很容易在伸手要去拿玩具時被抓傷。更重要的是，貓咪可能會把主人的手視為玩具的一部分，因而促成攻擊行為。天啊！幸好市面上還有很多種玩具可以讓主人跟貓咪安全互動。

棍棒狀的玩具（通常稱為逗貓棒）和釣竿狀的玩具（通常稱為貓釣竿）都是很棒的選擇，這類玩具可以讓主人的手腳和貓咪的爪子保持安全距離，又能讓貓咪玩得盡興。市面上還有一些電池驅動或固定軌道的玩具，這類玩具主打能讓貓咪自己玩，但這就失去了與貓咪遊戲的核心精神，而且有些貓咪會害怕這類玩具，或是感到索然無味。就算你的貓咪喜歡這類玩具，與貓玩遊戲的重點也不只是為了消耗貓咪的體力，而是與貓咪培養感情。與貓咪一同遊玩時，就是在與貓咪建立正向的羈絆。

可能得多試幾次才知道哪種玩具最有效，但貓咪的玩具通常都很便宜，所以多實驗幾次也不會造成太大的負擔。有些貓釣竿經過特別設計，可以輕鬆替換掉尾端被咬爛的玩具。家裡一些常見的東西也可以拿來和貓咪玩，例如羽毛、緞帶、絨毛吊飾或皮製流蘇等。無論如何，只要是你的貓咪喜歡的玩具，就是最棒的玩具。就像人一樣，每隻貓也有自己的喜好，所以盡可能多讓貓咪嘗試各種玩具吧！若你的貓咪對某個玩具毫無反應，可以把那個玩具送到當地的收容中心，相信那裡肯定會有貓咪對它情有獨鍾。

如何與貓咪玩

跟貓咪玩看起來很簡單，但由於同時是在刺激貓咪的狩獵本能，因此最好要做對。雖然看貓咪撲空很有趣，但記得偶爾要讓貓咪能夠抓到或咬到「獵物」，否則貓咪會愈玩愈挫敗，久而久之就會不再想玩。沒人喜歡永遠贏不了的遊戲，對吧？

在甩動逗貓棒或貓釣竿時，要盡可能讓上面的玩具跟真實生物一樣移動。可以讓玩具像受傷的小鳥一樣四處跳動，或是像逃竄的老鼠一樣快速掃過地面。當

「獵物」躲在箱子裡或椅子之間時，除了能增加一點挑戰性，貓咪也會非常高興。

　　當你決定不再繼續玩的時候，貓咪可能會很識相地走開。倘若貓咪還是興致高昂，就不要立即停止，但要漸漸降低激烈程度。也要記得在遊戲結束前，再讓貓咪抓到一次獵物。有時候若貓咪還是欲罷不能，也可以換一個能讓貓咪自己玩的玩具給牠。

貓跳臺與貓遊戲房

　　若家中沒有放置貓跳臺、遊戲房，或是到處設置貓抓板的話，表示還沒完全盡到飼主的責任。搭配這些設備與貓咪玩遊戲，就能讓牠大量運動。

感到無聊、沮喪或缺乏運動等，都可能讓貓咪出現攻擊性。用玩具刺激貓咪天生的狩獵行為，就能幫助牠消耗多餘的精力。

　　就算貓咪不會自己跳上跳臺，也可以在與貓咪遊玩時引誘牠跳上跳下，藉此運動一番（誰說只有跑步算是運動？）。為了抓住你用來逗弄牠的玩具，貓咪會很樂意跳上跳臺，你也會很開心跳臺沒有白買。

時間與耐性

　　雖然攻擊行為等問題常讓主人焦慮又灰心，但千萬別因此放棄，或認為你的貓咪不值得你付出這麼多時間與心神。很多貓咪都因為出現問題行為而被主人遺棄至收容所中。這些貓咪通常會被貼上「不適合飼養」的標籤，再也沒有第二次機會感受到家庭的溫暖。只要付出一點耐心去理解和訓練家裡的貓咪，牠一定會成為一隻懂事、健康且開心的貓咪。

我們在這章學到了…

- 容易引起攻擊行為的常見原因：遊戲（狩獵）、性慾、地盤、過度刺激、轉向性、以及恐懼或痛苦。
- 主人可以透過互動遊戲及訓練減少貓咪的攻擊行為。
- 絕育能降低性衝動，因此有助於減少攻擊行為。

貓家具

　　很多貓咪因為累積太多精力而出現攻擊行為。就像無所事事的青春期孩童一樣，無聊又沮喪的貓可能會將精力發洩在一些不該做的事情上。貓咪健身房能夠讓貓咪保持心情愉悅、身體健康，以及正確發洩精力。以下是幾個可以購買貓家具的管道：

CozyCatFurniture.com
19711紐華克德拉瓦大道220號佩索尼有限公司
電話與傳真：(302) 309-9183
電子郵件：info@cozycatfurniture.com
網址：www.cozycatfurniture.com

貓咪家具公司Feline Furniture Company
92352加州箭頭湖鎮第3379號信箱
電話：(909) 336-9414
傳真：(909) 336-9410
電子郵件：FelineFurniture@gmail.com
網址：www.felinefurniture.com

國際貓咪之家House of Cats International
78255貝爾山公路25011號
電話：(800) 889-7402
傳真：210-698-3329
電子郵件：houseofcats@aol.com
網址：www.houseofcatsintl.com

貓咪走路KatWALLks
由Burdworks製作的特色貓家具
74084奧克拉荷馬州懷諾納第239號信箱
電話：1-877-644-1615
電子郵件：katwallks@earthlink.com
網址：www.katwallks.com

遊戲時光工作坊Playtime Workshop
32955美國佛羅里達州羅克雷治霍克街D號房
電話：321-631-9246
電子郵件：customerservice@
playtimeworkshop.com
網址：www.playtimeworkshop.com

寵壞貓咪有限公司Spoil My Kitty, LLC.
40385肯塔基州韋科區紐厄爾文路4278號
電話：888-403-2859
網址：www.spoilmykitty.com

第七章

家裡出現大小便：關於砂盆的問題

貓咪幾乎不用訓練就能適應室內生活，這點可說是老天爺的恩賜。只要讓貓咪知道砂盆的位置，牠就會自己去裡面大小便。然而，許多將貓送養的人最常抱怨的，卻是貓咪在砂盆外的地方亂大小便的問題。

幼貓不太需要教，就能適應居家生活。例如牠們自己就會知道該怎麼使用砂盆，因此不需要主人到處清理大小便。但砂盆必須放在容易到達的地方，而且盆子的外緣不能太高，否則幼貓會爬不進去。另外，記得要先讓貓咪知道砂盆在哪裡。可以多把牠抱到砂盆前面幾次。一旦幼貓記住砂盆的位置（但有時候可能會忘記，因為幼貓記性比較差），就會終生一直用下去。當然，前提是沒有其他問題發生。

貓咪其實很喜歡砂盆，因為牠們不會想要在吃飯、睡覺或平時待著的地方排泄。貓咪在生活環境方面非常講究。若你家貓咪會在砂盆外排泄，或是感覺不喜歡使用砂盆，肯定是哪裡出了嚴重的問題。不幸的是，貓咪沒辦法直接告訴我們哪裡不對勁，因此主人必須找出問題的癥結，否則貓咪很快就會養成隨地大小便的習慣。

重回砂盆

若貓咪不再使用砂盆，就該認真觀察一下到底出了什麼問題。只有少部分情況例外，例如有些幼貓就是不懂得如何使用砂盆，或是有些高齡貓會因為身體或心理的因素而在砂盆以外的地方亂大小便。無論原因為何，為了貓咪的健康與家裡的衛生，都必須儘快解決這問題。來看看可能的原因有哪些吧。

拒用砂盆

你曾經進過加油站的廁所，然後發現裡面噁心到不行嗎？整個廁所臭氣熏天，而且每個馬桶都很髒。你在上廁所的時候必須全程憋氣，最後還發現馬桶根本壞了沒辦法沖水。這感覺很糟，對吧？若你很怕髒，可能就會選擇把腿夾緊，等到下個加油站再上廁所，然後暗自希望下一間會乾淨點。

現在，你可以體會貓咪對砂盆的心情了。看一下家裡的砂盆，是乾淨清爽，還是又黏又臭？砂盆表面乾淨嗎？還是貓咪必須步步為營，免得踩到四散的「地雷」？另外，人類聞起來覺得不臭，不代表貓咪聞起來也如此。若貓咪不喜歡你用來清潔砂盆的清潔劑的味道，或是不喜歡你清理砂盆的方式，可能就會拒絕使用。要記住，貓咪不會提醒人類該清砂盆了，但只要太過髒亂，貓咪肯定會拒絕使用砂盆。畢竟，貓咪沒辦法把腿夾緊，然後祈禱家裡憑空出現另一個乾淨的砂盆。

保持乾淨

若懷疑貓咪是因為砂盆太髒所以拒用，最簡單的解決方式就是時常清理。除了每天用鏟子把結塊的貓砂清掉之外，也必須定期將砂盆裡的貓砂全部換新。有的人可能會問，真的得每天鏟嗎？沒錯，就是每天。

換新貓砂的頻率，可以參考以下的標準：

* 一般貓砂：每週一次
* 回收報紙製成的貓砂：每週一次
* 會結塊的貓砂：每個月至少一次
* 成分天然又會結塊的貓砂：每個月至少一次
* 水晶貓砂（矽膠）：每個月至少一次

換新貓砂的頻率，主要取決於貓砂的材質及吸水能力。若每天清理砂盆，就比較能夠清乾淨砂裡的大小便，因而讓砂盆保持乾淨較長的時間，也不容易有異味。

在清理砂盆方面，最多人在意的問題就是，呃，清理砂盆這件事。雖然鏟大小便不是什麼風光的工作，但總得有人去做！等等，市面上不

幾乎每隻幼貓一見到砂盆，就懂得如何使用。如果貓咪會在砂盆以外的地方亂大小便，或是不喜歡使用砂盆，就一定是哪裡出問題了。

是有賣能夠自動清理大小便的砂盆嗎？沒錯，但關於這類砂盆到底能不能清得乾淨，以及會不會嚇到貓咪，就見仁見智了（記得要搭配能結塊的貓砂使用）。基本上，這種砂盆是根據感應器及定時裝置來運作。感應到貓咪進入砂盆一段時間（約五到十分鐘）之後，就會開始自動清除結塊的貓砂。根據貓咪的如廁習慣（以及家裡貓咪的數量），這類砂盆很有可能在有貓在附近時進行清理。若家裡的貓比較膽小，機器發出的聲響可能就會嚇得牠不敢再使用。

　　無論使用哪種砂盆，換新貓砂及清理砂盆的工作還是得由主人親自動手。但若使用具有自動清理功能的砂盆，就可以將親自鏟大小便的次數降到最低，對於就是無法忍受排泄物的主人來說，或許是個非常重要的功能。以下的網站可以買到具有自動清理功能的砂盆：

- Litter-Robot 自動貓砂機：www.litter-robot.com.tw
- Littermaid 電動貓砂盆：www.littermaid.com
- Omega Paw 半自動翻滾式貓砂盆：www.omegapaw.com

　　將砂盆保持乾淨，是研究貓咪為何亂大小便的第一個步驟。由於貓咪的鼻子比人類靈敏太多，因此有時就算人類聞起來覺得可以接受，對貓咪來說可不是如此。除了把貓餵飽並提供乾淨的飲用水之外，最重要的事情就是保持砂盆乾淨了。我敢說貓咪一定會很感謝你為牠付出的一切。

換個地點

　　地點、地點、地點，有時候貓咪不用砂盆，純粹只是不喜歡目前的擺放地點而已。若砂盆擺在不容易到達的地方、遙遠的角落，或是想上廁所時砂盆剛好在不同樓層，貓咪可能就會忘記（或是懶得）要

上下樓去用砂盆。因此，若住家有很多樓層，就得在每層樓至少放一個砂盆。同理，每隻貓都應該要有一個砂盆。為什麼？因為不是每隻貓都很樂於分享。不過倒是不必在每層樓都幫每隻貓準備一個砂盆。

　　房間裡的位置也很重要。有些貓很注重隱私，有些貓則喜歡維持警戒，每隻貓的喜好不同。大部分的情況下，砂盆最好放在貓咪能夠自由進出、容易抵達，且不會人來人往的地方。

　　若任意移動砂盆，可能也會出問題。有些貓可能就是偏好在原地點解決，因此再怎麼換砂盆或貓砂都沒用。這種情況下，可能就只好把砂盆放回原位了。

換個不同造型或尺寸的砂盆

　　研究貓咪為何亂大小便的下一個步驟，就是觀察砂盆本身。每隻貓咪都有偏好的砂盆種類。若家裡的貓咪體型偏大又有幽閉恐懼症，就要換成較大且無加蓋的砂盆，或是大到就算加蓋也不會讓貓咪感到焦慮的砂盆。有些砂盆就算沒加蓋，也小到其實不適合貓用。若家裡的貓咪體型較大，手頭又有點緊，無法購買適合貓咪體型的大砂盆，可能就得自己動手做了。有些塑膠儲物箱若經過加工（例如讓四周的

由於貓咪非常愛乾淨，因此如果砂盆太髒，貓咪就會拒用。對於貓咪的健康照護來說，維持砂盆的清潔也是很重要的一環。

高度變得適合貓咪走進去），也可以作為砂盆使用。

這個做法的缺點是，砂盆有可能變得過大。幼貓及體型較小的貓咪可能會無法跨過砂盆的四周爬進去。若家裡有幼貓或高齡貓，可以把自製砂盆的四周再弄低一點，也可以用餅乾烤盤或邊緣較低的平底鍋代替。

換個不同類型的貓砂

「貓砂類型」聽起來是很奇怪的原因，但其實背後很有道理。無論你覺得哪款貓砂比較好，大部分貓咪就是有自己的偏好。

很多貓咪不喜歡一般黏土砂的質地，覺得踩起來會有點刺痛，而且這類貓砂通常會添加香味，但那味道其實對貓咪來說會太刺鼻。大部分貓咪喜歡軟一點的貓砂，例如塊狀砂或由小麥、玉米等天然材質所製成的貓砂。有時候若新買的貓砂與貓咪從小習慣使用的不同，貓咪可能會不知道那是別種類型的貓砂，因而不懂得要在上面大小便。換句話說，若突然更換貓砂種類，可能會讓貓咪搞不清楚狀況。

一旦發現貓咪喜歡哪種貓砂，就不要隨意更換類型。貓咪不喜歡改變，在貓砂方面更是不喜歡變來變去，因此絕對不能看哪款貓砂正在特價就亂買。

還有一件事得注意：有些人為了方便，會購買砂盆用的垃圾袋，但貓咪通常都不喜歡那東西，所以還是別買了吧。若真的覺得清理和換新貓砂很麻煩，可以買便宜的拋棄式砂盆，市面上甚至有賣附貓砂的拋棄式砂盆！雖然有點不環保，但如果真的無法親自清理砂盆，這也是一種選擇。

亂大小便

　　健康問題會導致貓咪不想在砂盆內大小便。這是個嚴重的問題，因為如果貓咪身體不舒服，就無法每次都能走到砂盆，或是會覺得是砂盆害自己身體不舒服。

　　在與疼痛相關的事情上，貓咪的邏輯很簡單：逃開任何造成自己疼痛的東西。貓咪不會認為疼痛是因為自己的身體出狀況了，而會堅信是附近的東西造成的。若貓咪有泌尿道感染、嚴重便祕、關節炎或任何會讓自己在排泄時感到疼痛的原因，就會認為是排泄的地點（也就是砂盆）害的。由於還是需要排泄，因此貓咪會嘗試到別的地方解決，看看情況是否會有所不同。或者跑到牠認為能減輕疼痛的地方排泄。沒有人真的懂貓咪在想什麼。

　　若確定貓咪不是因為砂盆過髒而拒絕使用，就要觀察是不是身體或心理出了狀況。

檢查身體

　　許多疾病或症狀會讓貓咪在排泄後感到疼痛，例如泌尿道感染、嚴重便祕、腸躁症、巨結腸病、癌症或老化等。因此你該做的事，就是儘快帶貓咪去做詳細的健康檢查。醫生可能會進行各種測試，試圖排除各種可能。一旦醫生找出病因，很可能會開藥。務必遵照醫生的指示餵藥。若及早醫治，貓咪應該很快就會再次開始使用砂盆。若貓咪痊癒後還是沒有使用，可能就得重新訓練貓咪使用砂盆。

重新訓練貓咪使用砂盆

　　一旦貓咪對砂盆產生厭惡感，就很難再說服牠回去使用砂盆。畢竟牠現在到處

若貓咪在家裡到處大小便，可能是因為家裡的砂盆或貓砂類型不符合牠的喜好。

上廁所上得很開心。

　　重新訓練的第一個步驟，就是用酵素清潔劑清理貓咪之前亂大小便的地方，將味道徹底清除。只要還有味道殘留，貓咪就會循著味道回到老地方亂大小便。可以在這些地方使用驅貓劑，但是要記得每天使用才能維持效力。也可以寵物訓練用的膠帶，讓貓咪的肉墊踩起來不舒服，因此不想再踏進那些地方。若貓咪是藉由噴尿在做標記，可以在清理後噴一點貓費洛蒙。

　　接著，為貓咪準備一個乾淨且尺寸適合、貓砂類型正確的砂盆。把砂盆放在貓咪之前會亂大小便的地方，通常是個不錯的選擇。

亂標記／噴尿

　　你已經清理過砂盆，獸醫也已經確定貓咪的身體沒有問題，貓咪卻還是會在牆上噴尿。到底怎麼了？

　　答案是，你的貓咪可能是在藉由噴尿做標記，而不是單純的排尿（雖然都是尿）。貓咪可能是因為有不安全感，或是家裡出現了不熟悉的東西，因此才會有標記的行為。

　　許多年來，我都以為只有公貓會做標記，但這是錯誤觀念，公貓和母貓都會標記地盤。噴尿是標記的一種方式，通常會噴在垂直的表面上。這是貓咪宣示自己存在的方式，可說是貓咪界的名片。未絕育的貓比較常會標記，但就算是結紮後的貓咪也還是可以標記。

　　通常當貓咪情緒緊繃時，就會開始標記，例如若門外有流浪貓在徘徊，可能就會讓家裡的貓開始標記。雖然我們可能什麼都沒察覺到，但貓咪早已經察覺到不速之客的存在。若家裡有新寵物加入、家具重新擺放位置、來了陌生的客人或有人來家裡修東西，也都有可能會讓貓咪開始標記。

重新讓貓咪對環境感到安心

　　貓咪通常會在環境出現改變或有壓力源時開始標記。貓咪的標記其實是在對附近的闖入者宣告：「這裡是我的地盤！」因此，最好的解決方式就是消除造成貓咪壓力的來源，讓貓咪不必再一直下馬威。

砂盆的基本原則

　　貓咪是很講究的生物。牠們不會想要在吃飯及睡覺的地方大小便。若貓咪不想使用砂盆，就一定有牠的理由，只有少部分情況例外，例如有些幼貓就是不懂得如何使用砂盆，或是有些高齡貓會因為身體或心理的因素而在砂盆以外的地方亂大小便。在為貓咪挑選砂盆時，必須考量到以下的因素：

- 砂盆的邊緣會太高或太低嗎？若邊緣太高，幼貓和高齡貓就會不好爬進去。若邊緣太低，身體的某些部位可能會垂在盆外，因而讓有些貓咪覺得不自在。

- 砂盆會太大嗎？若貓咪使用過大的砂盆，可能會感到沒有防備或困惑。

- 自動清潔的功能會發出巨大的聲音嗎？有些貓咪會害怕這種自動清潔的砂盆所發出的聲音，因此會不想要使用。

- 砂子的深度會太深或太淺嗎？如果太深，貓咪就會害怕把腳伸進去。若太淺，就會失去挖沙坑的樂趣，而且會不夠覆蓋排泄物。大部分貓咪喜歡大約2.5公分深度的貓砂。

- 砂盆的位置容易到達嗎？砂盆周圍有堆滿雜物嗎？砂盆必須擺在貓咪容易前往的地方，而且在上廁所時需要一點空間及隱私。

　　不幸的是，我們無法命令貓咪冷靜下來好好面對問題。由於貓咪的感官比人類敏銳許多，因此能在人類還沒察覺到異狀時，就聽見、看見或聞到不速之客的存在。這會使貓咪產生不安全感，因此在屋內做標記，好讓不速之客知道這裡已經是牠的領土，不得擅自闖入。幸好有些方法可以讓貓咪對現狀感到安心與滿意，其中一種就是使用特殊的貓費洛蒙。貓費洛蒙的作用就和貓咪的身分證一樣，而且和貓咪用臉頰磨蹭東西以宣示所有權時所留下的氣味相似。若使用費洛蒙擴香機或噴霧罐，就能讓貓咪知道這是屬於牠的地盤，不需要過度擔心。

　　若貓咪對窗外的動物感到焦慮，可以把百葉窗或窗簾拉上（若看不見，貓咪的焦慮感就會降低），也可以買驅貓劑然後噴在庭院，避

一般而言，家裡的每隻貓都應該要有屬於自己的砂盆。

免流浪貓接近。寵物店、網路和郵購都能買到各種品牌的驅貓劑。記得要按照說明使用，而且一定要買對貓咪無毒性的驅貓劑。

　　將貓咪帶去絕育，也可以降低想要噴尿標記的衝動。

其他原因

　　本章提到的是貓咪不用砂盆最常見的理由，但還可能有其他原因。這些其他原因通常是貓咪曾經在使用貓砂時發生過不愉快的經驗。例如，如果貓咪以前喜歡使用車庫的砂盆，但家裡的狗一直去騷擾牠，貓咪可能就會不太願意接近那個砂盆。若狗狗一直沒有被主人制止，或甚至會去追貓咪，那貓咪肯定再也不會去用那個砂盆了。這種情況下，若家裡沒有擺放其他砂盆，猜猜貓咪會怎麼做？

　　其他讓貓咪不想使用砂盆的原因，通常與恐懼有關，例如曾經在如廁期間被其他貓咪攻擊、被巨大聲響嚇到、空間過於擁擠，或是其他環境中的壓力因素。有時候也可能是我們人類無法參透的原因。

　　想解決亂大小便的問題，基本上就是要讓貓砂盆能夠吸引貓咪使用，然後讓牠們常亂大小便的地方變得讓貓咪不想接近。接著，貓咪的直覺就會帶領牠們到「正確」的地方上廁所。若還有問題，可以向

獸醫師或行為學家尋求協助。

我們在這章學到了…

- 有時候貓咪亂大小便，是因為不想使用髒亂的砂盆。因此最好隨時把砂盆裡的排泄物清乾淨。
- 對於懶得時常鏟貓砂的主人來說，能自動清除排泄物的砂盆是個好選擇，但清潔砂盆與替換貓砂的工作還是得由主人來做。
- 砂盆的尺寸、形狀及擺放地點都可能影響貓咪使用的意願。
- 每隻貓對貓砂都有獨自的偏好，因此一旦觀察到貓咪喜歡哪一款貓砂，就固定用那一款。
- 亂大小便的問題可能跟貓咪的生理狀態有關，而身體出問題的貓咪會不想使用砂盆，因為牠們認為砂盆是造成自己身體不適的原因。
- 貓咪也可能因為恐懼而出現亂大小便的問題，例如害怕其他寵物、巨大聲響、擁擠空間或環境中的其他壓力來源。

第八章

舒壓又健康
的磨爪操

你愛貓，但不喜歡
牠們把傢俱抓花，或是
把擺設推得東倒西歪。
就算買了貓抓柱，
也無法引起貓咪的興致。
束手無策的你，腦中甚至
閃過讓牠做去爪手術的
可怕念頭。

其實，有很多更聰明的方法可以讓貓咪別再亂抓東西，讓人與貓達到雙贏的局面。

為何貓咪要磨爪？

如第一章提過的，貓咪抓東西有很多原因，像是把爪子磨尖、標記地盤、紓解壓力，或是作為一種運動。抓東西是貓咪天生的習性。無論是家貓或野貓，都沒有人可以阻止牠們抓東西，因為那是牠們天生的行為，甚至就連已經被去爪的貓，都還是會下意識做出磨爪子的動作！如果真的很想要一隻不會抓東西的貓，貓咪造型的抱枕大概是唯一的選擇。

不要亂抓！

如果貓咪都在抓板上磨爪子，相信沒人會介意貓咪抓個沒完，但若貓咪偏偏愛抓新家具，該怎麼辦才好？

首先，要退一步冷靜一下。貓咪不壞。只是想要抓東西，而且牠不知道那張新沙發是主人省吃儉用才買下來的，只知道那個東西抓起來很舒服，而且是牠夢寐以求的材質與觸感。

所有的貓咪都有抓東西的衝動，因為那是牠們天生的習性。貓咪會藉由抓東西把爪子磨尖、標記地盤、紓解壓力，或是作為一種運動。

貓咪就是需要抓東西，這是不爭的事實。貓咪會在不同的表面上留下爪痕，並透過前腳上的皮脂腺留下氣味，藉此標記自己的地盤。除了標記與感覺很棒之外，抓東西也有助於理毛，例如可以讓爪子老舊的部分剝離，讓爪子變得更細更尖。若爪子太久沒修剪，就會倒插回肉墊中或是變得過厚，像是較高齡或活動量較低的貓就容易如此。被自己的爪子刺到不但非常痛，也有可能造成感染，因此貓咪必須非常小心照顧自己的爪子，不會放過任何能夠抓東西的機會。

然而，讓貓咪不再把沙發當大型抓板的方法其實很簡單，就是讓貓咪討厭沙發，然後給牠們抓起來更舒服的抓板。

那麼去爪手術和肌腱切除術呢？少數獸醫仍有在做這種手術，因此不免讓有些人想要一勞永逸。畢竟，若醫生都同意了，應該不是件壞事吧？大錯特錯。如同前面解釋過的，去爪會對貓咪造成終生的傷害。除了去爪之外，其實還有很多更安全、人道且有效的方法可以阻止貓咪亂抓東西，實在沒有必要為了金錢買得到的家具，去讓貓咪變得終生半殘。可以根據需求採取下列治標的解決方式，但最好採取下列治本的解決方式，才能讓人與貓雙方長期過得幸福又和諧。

肌腱切除手術

肌腱切除手術就是切除貓咪腳趾下方的屈肌肌腱。看看自己的手掌，想像一下無法自由張開及握拳的感受。若再怎麼努力，五根手指都無法用力只能癱軟下垂，心理會是什麼感覺？若貓咪的肌腱被切除，抓東西時就會無法施力。沒有貓咪應該接受這種慘無人道的手術。

治標的做法

以下這些方法可以輕鬆防止貓咪亂抓東西。先來看幾個最容易的方法：

修剪趾甲

最能輕鬆防止貓咪亂抓東西的方法，其實就是基本照護。每週修剪一次貓咪的趾甲，就能大幅降低貓咪抓東西的衝動。不過這麼做不

會完全除去貓咪抓東西的需求，所以必須搭配其他方法，才能避免貓咪去抓不該抓的東西。

　　若貓咪的趾甲是白色或接近透明，修剪起來就比較容易。若是深色的趾甲，則不容易看清楚血管及神經的位置，也就是趾甲根部粉紅色的地方。若不小心剪到貓咪的血管，貓咪就會流血而且會非常痛，很可能再也不會讓人替牠修剪趾甲了。

　　替貓修剪趾甲時，必須使用專門的工具，而且只要剪掉前端的趾甲就好，不要剪到根部較粗的地方。若能夠看見趾甲上的血管（粉紅色的部分），就只要小心剪白色的部分就好。若每週固定幫貓咪美甲，血管的部分就會漸漸縮短，進而使整個爪子的長度自然減短。

　　剛開始要幫貓咪修剪趾甲時可能會比較困難，所以要慢慢來。大部分的貓都不喜歡被抓住太久，也不喜歡腳被固定住的感覺。若家裡的貓生性膽小，可以先將貓咪抱到腿上輕輕撫摸一下，然後舉起一隻腳一兩秒。若貓咪開始驚慌想要逃走，就讓牠走，等晚一點貓咪心情放輕鬆時再試一次。剛開始可能得花點時間，但只要貓咪願意讓你摸牠的腳，就可以開始修剪趾甲了。記得動作要慢，而且要小心。若貓咪開始掙扎，就之後等牠想睡或是不太反抗的時候再繼續。

每週幫貓咪修剪一次趾甲，可以有效降低貓咪想抓東西的衝動。

若需要人手幫忙或是不敢自己修剪時，可以帶去獸醫院或對寵物友善的美容院幫忙，或是請他們示範該怎麼剪。

趾甲套

若想要透過道具協助，趾甲套（例如 Soft Paws）是能最簡單又快速防止貓咪抓壞東西的方法，而且比較不會造成貓咪疼痛。趾甲套是能夠包覆貓咪趾甲的橡膠軟套，可以自己幫貓咪戴上去，或是請醫師協助。趾甲套上有特殊的黏膠，需要分別為每一根趾甲套上一個趾甲套，而且記得帶上去之前要先替貓咪修剪趾甲。除了膚色之外，還有各種時尚的顏色可以挑選。

然而，趾甲套沒辦法一勞永逸。貓咪還是會想要抓東西，而且趾甲遲早會再變長，屆時趾甲套就會自然脫落。然而，在能夠實行其他治本的方法前（例如重新訓練貓咪），趾甲套不失為一個爭取時間且不會造成貓咪疼痛的好法寶。

膠帶

雖然市面上有很多訓練貓咪用的膠帶，但我認為 Sticky Paws 是最安全且能有效避免貓咪亂抓東西的產品。只要將一條條的膠帶撕下來，然後貼到貓咪愛抓的家具上即可（雖然 Sticky Paws 建議不要黏在皮製家具上，但根據我個人的經驗，只要使用皮革清潔劑，就能把撕下後的殘膠去除乾淨）。

這是個很棒的產品，而且使用上非常方便，因為貓咪討厭肉墊碰到黏黏的東西，所以碰到 Sticky Paws 時，就會立刻產生強烈的排斥感，這股排斥的感覺就會讓貓咪去尋找其他舒服的東西抓，也就是你事先放在旁邊的貓抓板。Sticky Paws 也有推出可以平放在地面上的長型紙抓板，適合喜歡亂抓地毯或木頭地板的貓咪使用。

使用膠帶的缺點，就是容易積灰塵或頭髮。若失去黏性，就必須

替換新的，以免貓咪發現膠帶變得不再噁心，於是又開始抓起家具。

驅貓劑

市面上有賣很多種驅貓劑，而且用起來也很方便，只要每天一次噴在不想要貓咪接近的地方即可。驅貓劑含有貓咪討厭的味道，因此只要聞到一點，貓咪就會逃之夭夭。

驅貓劑非常有效，但也有一些缺點。首先，有些味道連人都會覺得不好聞。另外，有些味道會太強烈，噴在沙發或家具上後雖然能避免貓咪亂抓，卻會讓貓咪退避三舍，連家具附近的抓板都不敢靠近。驅貓劑的效果通常不超過二十四小時，因此要記得每天重新噴灑，以免貓咪跑回去亂抓。

靜電布及其他驅貓用品

根據貓咪獨特的磨爪品味，或許靜電布或類似的用品比較能有效防止貓咪亂抓家具或是進到不該去的地方。靜電布基本上是一塊裡面有電線的塑膠布，裝上電池後，就會在貓咪踩上去時產生微弱的電流，但這電流的強度比我們穿著襪子踩上地毯時產生的靜電還要弱，而且也沒那麼痛。這股電流能有效訓練寵物，非常適合用在水平的平面上。

另一種常見的電子驅貓用品是 SSSCAT，也就是具有動態感應的噴霧器。當貓咪接近禁區時，就會自動發出嚇人的聲音並噴出一陣氣體。貓咪討厭被噴氣，而且會將那聲音與噴氣聯想在一起。最後，只要機器一發出聲音，貓咪就會逃之夭夭。

凹凸不平的塑膠墊也可以用來驅趕貓咪。由於貓咪不喜歡凹凸不平的平面，因此不會想要久待。鋪上鋁箔紙也有類似的功效，因為很多貓討厭鋁箔紙的詭異觸感及沙沙聲。

上述方法可能不是每次都適用，因為貓咪通常會亂抓的都是垂直的表面。另外，靜電布或動態感應的驅貓裝置可能無法讓貓咪遠離某一物品，因為貓咪可以直接跳過這些陷阱。想要使用這些避免貓咪亂抓的家具時，這些用具可能也會造成一些麻煩，像是若沙發上鋪滿了靜電布，可能連人都沒辦法坐了。此外，只要別亂抓，也許你願意偶

爾讓貓咪睡在沙發上。若想要快速解決眼前的問題，SSSCAT 或許是最佳選擇，因為無論垂直面或水平面都能防護到，然而動態感應不會區分貓與人，所以可能也會在人經過時噴氣！

貓費洛蒙

若不介意與貓咪分享生活空間，但實在受不了東西一直被抓壞的話，也可以試著用費洛蒙改善情況，尤其對壓力大的貓咪來說更有效。費利威有手動按壓及自動噴灑的兩種類型，兩者的味道都能舒緩貓咪的情緒，而且在很多場合都非常實用。費洛蒙能藉由減少貓咪標記地盤的需求來安撫情緒，但無法完全避免貓咪抓不該抓的東西，因此費洛蒙必須搭配訓練來使用。

治本的做法

雖然治標的做法感覺輕鬆又誘人，但最好還是能夠重新訓練貓咪如何選擇正確的磨爪用品。只要願意從根本解決問題，大家就能和諧共處，而且家具都能保持美觀！

噴灑費洛蒙可以減輕貓咪亂抓東西的情形，因為費洛蒙能降低貓咪標記地盤的需求，進而使貓咪情緒安定。

磨爪的偏好

每隻貓都有不同的磨爪偏好。有些喜歡趴著抓東西，一邊磨爪子一邊做伸展操。有些喜歡抓垂直的平面，好讓爪子抓得更深入。仔細觀察你的貓平常喜歡在哪種地方磨爪子（垂直或水平？絨毯、木頭或麻繩？），然後買類似的抓板來滿足貓咪的需求。

訓練磨爪地點

訓練貓咪抓正確的東西（也就是貓抓板或抓柱）感覺好像很難，但其實很容易。一旦貓咪知道哪些東西是給牠抓的，尤其若買的抓板剛好是貓咪中意的類型，牠就會毫不客氣地猛抓。

若貓咪抓了不該抓的東西（像是新買的沙發），表示牠認為有必要在那個地點留下標記。因此，可以找出貓咪平常愛磨爪的地方，然後在附近放置抓板或跳臺。若抓板合乎貓咪的胃口，想必牠會非常樂意放過家具一馬。

讓貓咪原本喜歡抓的東西變得不再舒服，通常都能有效讓貓咪轉而在其他物品上留下標記。但解決貓咪亂抓的最好方法，還是讓貓咪有許多不同的抓板可用，而且要放在容易到達的地方，才會吸引貓咪使用。若抓板抓起來很舒服，那貓咪更是沒有理由去抓家具了。

挑選貓抓板

若抓板材質不合貓咪的胃口，那個抓板就等於不存在，因為若貓咪不喜歡，就不會去使用，到頭來依舊無法防止家具被抓壞。想說服貓咪去抓別的東西，就要提供牠們更誘人的選擇。

抓板的種類

網路上可以買到各式各樣的抓板，但基本上可以歸為兩大類：垂直或水平。有時候也會看見特殊角度的抓板，很多貓咪也喜歡這種。水平的抓板通常是瓦楞紙材質（但也有其他材質的類型），而且往往比較便宜。垂直抓板的材質和造型變化就比較多，有些很樸實，有些則很奢華。在選購抓板時，記住以下原則：

- 若要垂直的抓板，就要找底盤夠寬夠穩的類型。因為貓咪要感

到安穩，才會安心把前腳抵上去抓。

- 抓板的材質可以是瓦愣紙、木頭、絨毯或麻布，應該要讓貓咪都嘗試過，才知道牠比較喜歡哪種。最重要的原則是材質不能硬到爪子刺不進去。

- 垂直和水平抓板的長度都應該要夠長，貓咪才能好好地磨爪與伸展。

- 貓咪不該只有一種抓板。可以讓貓咪嘗試不同材質與形狀的抓板，牠才會知道自己最喜歡哪種，也才會願意試著使用其他的抓板。

- 可以的話，家裡至少必須有一個附有抓板的跳臺或貓屋，貓咪才能磨爪及登高望遠。

放置抓板的地點

抓板除了材質很重要之外，擺放地點也很重要。若抓板用起來比較方便的話，貓咪就不會去抓家具。因此，最好將抓板放在貓咪平時最常出沒或休息的地方。這些地點包括：

- 家人最常待的地方

將抓柱或跳臺放在貓咪愛抓的家具旁邊，就能有效將磨爪的對象從不該抓的家具（例如沙發）轉移到正確的地方。

- 貓咪愛抓的家具附近
- 靠近前門的地方
- 靠近貓咪的床邊或睡覺的地方

　　想要讓抓板看起來比家具更誘人，可以灑一點貓薄荷。若貓咪喜歡貓薄荷，就會非常有效。若貓咪對貓薄荷沒有反應，可以試著把牠的玩具放在上面，或是在抓板附近用逗貓棒和貓咪玩，只要牠把腳踩上去，就有機會與抓板擦出愛的火花。

挑選跳臺

　　貓跳臺對室內貓很重要，因為能提供貓咪必要的身心活動。雖然許多跳臺在外觀上可能跟家裡的其他家具不太匹配，但這些跳臺保證會是其他家具的救星（況且現在也能買到客製化外觀的美麗跳臺）！另外，貓咪喜歡跳到高處，也喜歡藏在小空間中，因此跳臺是讓貓咪開心的首選。

　　選購跳臺的基本原則，就是愈大、愈複雜的愈好。若預算有限，可以買最簡單的款式，也就是有個小平臺可以讓貓咪跳上去趴著休息的那種。跳臺最好有許多平臺和讓貓咪躲藏的小空間，但若只有一根柱子可以磨爪和一個平臺可以跳上去午睡，貓咪其實也會很開心。大部分的跳臺都有包覆絨毯，並且有麻繩或瓦愣紙材質的磨爪區域。若家裡的跳臺沒有可以磨爪子的地方，可以另外放一個抓板在旁邊。

自製貓抓板

　　只要將地毯柔軟的那面與一片木板黏合起來（也就是地毯粗糙的那面朝外），就是簡易的自製貓抓板。也可以將一小塊便宜的工業地毯黏在木板上，或是將帶有樹皮的松樹原木固定在地上。當然，若你的手非常靈巧，也可以嘗試製作直立的貓抓柱。需要的材料在附近的居家材料行都買得到。

選購時，務必記得要挑選看起來堅固耐用的跳臺，不要買看起來弱不禁風的款式。若摸起來搖搖晃晃，或看起來不夠堅固，貓咪就不會想要跳上去，買這個跳臺的時間與金錢就會付諸流水。和抓板一樣，想讓貓咪跳上跳臺，可以灑一點貓薄荷，或是在附近玩逗貓棒，相信貓咪很快就會愛上新的跳臺。

我們在這章學到了…

- 貓咪就是必須磨爪。就連已經被去爪的貓，也還是會直覺想要抓東西。
- 可以暫時以趾甲套來避免貓咪亂抓東西。
- 可以透過定期修剪趾甲的方式，降低貓咪想抓東西的衝動。
- 可以透過膠帶、驅貓劑、靜電布及費洛蒙等用品避免貓咪抓壞家具。
- 可以把抓板放在貓咪平時喜歡抓（但不該抓）的東西旁邊，就能讓貓咪學習使用抓板。
- 整個家中應該要四處放置許多抓板與跳臺。

若抓板和抓柱隨處可見且方便使用，貓咪就比較不會去抓其他不該抓的家具。

第九章

標記地盤：
挖洞與啃咬

最近，你發現家裡的盆栽
頻頻遭人破壞，
不但地上布滿了泥土，
植物也被五馬分屍。
有時候，你發現有人偷挖
你家庭院的土。
最後，你終於當場
抓到了嫌犯，
原來兇手就是家裡的貓！

你已經想盡辦法要讓貓咪遠離你的盆栽，但不管怎麼做好像都沒用。你已束手無策了。

想要避免貓咪破壞盆栽，或是避免貓咪誤食有毒植物，不是一件容易的事。然而，只要透過訓練和簡單的空間布置，就能轉移貓咪的注意力到其他事物上。

為何貓咪愛挖洞？

植物通常會垂直生長且帶有吸引貓咪的味道。鬆軟的泥土踩起來會讓貓咪的肉墊感到非常舒服，而且只要貓咪曾經在土中留下氣味（尤其是大小便），聞起來就會有屬於自己的味道。當貓咪進入砂盆時，通常會先聞一聞貓砂，挖個砂坑，坐在挖好的砂坑旁，轉過身聞一聞排泄物，然後再次挖貓砂。

挖洞和掩埋排泄物的習慣可能源自於野貓隱藏行蹤的習慣。掩埋排泄物能幫助野貓隱藏自己的蹤跡，也能因為減少接觸排泄物而避免遭寄生蟲感染。有些時候，貓咪會故意不掩埋自己的大小便，藉此標記地盤並向其他貓咪宣示自己的存在。

這些行為皆證明破壞植物和挖泥土對貓咪來說是非常自然的行為，

野外的貓咪會挖洞並掩埋排泄物，避免掠食者發現自己的蹤跡。同樣地，貓咪有時也會故意不掩埋自己的排泄物，藉此向其他貓咪宣示領土主權。

不是蓄意破壞。就算家裡種的是非常珍貴的植物，對貓咪來說也沒有差別，貓咪只是想要做標記而已，而在沒有其他更好選項的情況下，那些植物還算是不錯的選擇。

為什麼貓咪會嚼食植物？

貓咪嚼食植物不但是為了標記地盤，也是為了攝取粗纖維。如果寧願不辭辛勞阻止貓咪，也非得把盆栽放在室內不可，最起碼要先確認這個植物對貓咪無害。常見的有害植物包括百合、蘇鐵、杜鵑、鬱金香等。

接下來，就是種植貓咪喜歡吃的植物。可以把小麥草和貓薄荷種在窗邊，這樣一來當貓咪興致來的時候，就可以隨時到牠的小花園吃上幾口。這兩種植物可以在許多寵物用品店買到現成的，也可以買種子來從頭種起（若你願意的話）。也可以把這兩種植物放在貓咪喜歡曬日光浴的地方，或是牠們平時發呆的地方。

保護植物大作戰

既然已經確保植物不會傷害到貓咪，現在就要想辦法避免貓咪去傷害植物。首先，找出其他貓咪想做的事情，將牠的注意力轉移到其他地方。舉例來說，若貓咪是為了標記而去抓爛植物，就可以在植物附近放上貓抓板。若這招沒效，以下還有好幾個方法可以保護植物：

危險的植物

在家中擺放盆栽也可能會傷害貓咪的健康，因為很多居家裝飾植物對貓咪來說都有毒。若家裡必須擺放植物，就選擇對貓咪無害的種類。美國愛護動物協會（ASPCA）的網站（www.aspca.org）提供了一份清單，可以看看哪些植物對貓咪有害，哪些無害。前往「動物毒物管制中心（APCC）」的頁面後，點選「有毒植物」的連結。值得留意的是，雖然你能避免貓咪在家裡吃到有毒的植物，但若放任貓咪自由在外行動的話，就沒辦法掌握貓咪在戶外會把什麼東西吃下肚。

若覺得貓咪已經吃下了有毒的東西，可以打 （888）426-4435 的熱線電話給美國愛護動物協會的動物毒物管制中心。動物毒物管制中心二十四小時全年無休，而且工作人員都是這方面的頂尖專家。向專家諮詢會收取費用，但好消息是他們是根據每個案例收費（而不是每次諮詢收一次錢），因此不放心的時候，隨時都可以打去詢問相關資訊及後續處理等問題。

- 把植物掛在貓咪跳起來也摸不到的高處。
- 噴一些稀釋過的肥皂水或驅貓劑在葉子上。
- 使用植物專用的 Sticky Paws（防止貓狗接近用的雙面膠帶）等產品。雙面膠帶會在泥土表面呈十字交錯，讓貓咪不想去挖那裡的土。
- 使用 SSSCAT（具動態感應噴頭的噴霧器）等產品。這類產品會在貓咪接近時釋出噴霧或發出巨大聲響，因此會讓貓咪不想接近。
- 用靜電布包覆花盆。微微的靜電會讓貓咪不想接近花盆。
- 若貓咪老是把盆栽當作砂盆在使用，可能是因為你買的貓砂太硬了，最好換成軟一點的貓砂，例如可生物分解的小麥砂或玉米砂的觸感比較接近泥土或軟黏土（可以親自用手摸摸看，檢查觸感是否舒服）。
- 觀察貓咪喜歡破壞的植物有什麼特質（粗糙的表面或具有粗纖維等），然後給貓咪替代的選擇，例如木頭、麻繩或乾草。
- 若這些方法都無效，就把植物移到貓咪無法到達的地方，例如可以關門的房間內。

貓咪會吃植物，是因為牠們可能需要攝取額外的粗纖維來幫助消化。請務必確保家裡的植物不會讓貓咪中毒。

　　記住，靜電布、驅貓劑等道具可能得持續使用數週至數個月，貓咪才會培養出新的習慣，也就是別去騷擾主人的盆栽，想吃植物就去自己的貓草盆吃。就算貓咪已經不會再去破壞其他盆栽，也可以繼續將額外放置的貓抓板留下來、繼續使用貓咪喜歡的新貓砂，並繼續為貓咪種植貓草。

　　只要想辦法滿足貓咪的需求，讓牠們別再破壞心愛的盆栽，大家就可以在綠意盎然的家中和平共處。

可食用的貓草花園

　　若不希望貓咪嚼食或挖掘你的盆栽，就乾脆讓貓咪有屬於自己的小花園。這對於無法出門吃草的貓咪來說也有很大的好處。貓咪需要攝取粗纖維幫助消化，因此會吃生活周遭的草，但外面的草常常會噴殺蟲劑，所以讓貓咪在外面亂吃草對牠們來說很危險。你可以自己在家種植適合貓吃的植物或貓薄荷，這些都很好種，而且大部分的寵物店或花店都有賣。

我們在這章學到了…

* 貓咪喜歡挖泥土，因為這個動作會讓肉墊很舒服。
* 貓咪會用抓爛的植物作為地盤的標記。
* 許多居家常見的植物都會讓貓咪中毒。可以前往美國愛護動物協會的網站，看看哪些東西對貓咪有害。
* 可以種植一些安全又有益健康的植物給貓咪吃，例如小麥草或貓薄荷。
* 可以使用簡單的驅貓劑，讓貓咪遠離你的盆栽。

只要給貓咪新鮮又有益健康的植物吃（例如小麥草或貓薄荷），就能避免貓咪去亂挖或亂吃其他盆栽。

第十章

情感需求：
關於吸吮
毛毯的行為

一開始沒什麼大不了的，

你只是在襪子上

發現多了一些小洞。

接著，你發現床上的

毯子濕濕的，而且

也出現了一些小洞，

然後越來越多重要的

東西被咬壞了，例如

你最喜歡的毛衣。

難道是洗好時沒有完全

曬乾就收進來了嗎？

最後，你發現原來是貓咪

最近開始會嚼衣服，

尤其喜歡吸吮毛衣。

為什麼會這樣？

你覺得要一直重洗衣服很煩，而且已經有好幾件衣服被咬破了。該怎麼辦？雖然這個習慣無傷大雅（至少對貓咪不會造成什麼傷害），但大家通常不喜歡東西被用壞或是沾滿口水。

為何要吸吮毛衣？

沒人確切知道為何貓咪會吸吮羊毛製品（嚼食毛衣毛毯等），但有許多推論。一個理論是，若太早與母貓分離，吸食母乳的需求就轉移到了其他東西上。若你的貓比較常在吸，而不是在嚼，而且會一邊用前腳搓揉毛衣一邊發出呼嚕聲，可能就是在模仿吸食母乳的動作。

另一種說法是，吸吮羊毛製品可以補充纖維質。若你的貓以前從未嚼食衣物，卻在長大後開始這麼做，甚至會吞下一些毛料，就必須阻止牠。貓咪很可能是身體出狀況，例如有寄生蟲或出現壓力或焦慮等情緒問題，因此必須儘快去看醫生。無論吸吮的理由為何，對主人來說都是很苦惱的行為。

吸吮的習慣可能源自於哺乳，但後來轉移到了其他事物上。若太早被帶離母貓，幼貓日後可能就會吸吮其他東西來滿足需求。

改變習慣

雖然阻止貓咪吸吮衣物是件不容易的事，但這並非不可能的任務。首先就是將可能會被貓咪破壞的衣物通通收進衣櫥或抽屜中，然後禁止貓咪進入洗衣間（話說本來就不該讓貓咪進洗衣間，因為貓咪可能會爬進烘乾機或誤食洗衣精）。確實貫徹「衣物不落地」政策，因為若懶惰的居家習慣再犯，貓咪吸吮的壞習慣也容易復發。若有些地方的羊毛製品或布料無法完全收起來（例如臥房內有床單、毯子、沒有門的衣櫃等），就不要讓貓咪進入那些房間。

若這些方法都不夠，必要的時候還可以使用無毒的驅貓劑噴在貓咪特別愛吸吮的地方。帶有苦味的防咬噴劑通常也能有效把貓咪嚇跑。

接著，將貓咪的罐頭換成乾糧，尤其是標榜高纖或化毛配方的飼料。有在持續吃高纖食物的貓咪通常會停止吸吮行為，這很有可能是因為貓咪已經從食物中攝取足夠的纖維。

若貓咪在持續吃高纖食物一段時間（數個月左右）後都沒有再吸吮衣物，可以丟一塊布或一隻舊襪子給牠看看。若貓咪感到興致缺缺，就表示可能已經成功戒掉這習慣了。然而，最好還是暫時維持目前的高纖飲食，並持續將衣物收好。

想念媽咪

許多過早與母親分離的貓會出現吸吮行為，但當你購買或領養你的貓咪時，可能無法知道牠的童年是否充滿母愛。大部分的貓咪都必須待在母親身邊直到滿十二週，才能成為身心都健康的成貓。

我們在這章學到了⋯

- 沒人知道貓咪吸吮的確切理由，但這很可能與貓咪和母親分離的時間點有關。幼貓在滿十二週大之前，最好不要與母親分離。
- 有吸吮衣物習慣的貓，必須禁止吃罐頭，並改吃高纖飼料。

可以將家裡的衣物和任何貓咪愛嚼食的東西收納進抽屜中，或是放到其他房間，並把門關起來，藉此矯正貓咪吸吮的習慣。

- 把家裡的衣物和布料收拾乾淨，能幫助貓咪戒掉吸吮的習慣。
- 在貓咪喜歡咬的東西上使用有苦味的防咬噴劑或無毒的驅貓劑，就能防止貓咪接近。

就算沒吞下去也很危險

如果貓咪愛亂咬東西，就要小心家裡的電線。別讓貓咪接近延長線與插座，尤其幼貓很愛玩各種東西。可購買兒童安全用的集線器，或是噴上無毒性的苦味劑防止貓咪去咬。

亂吃東西的危機

　　若貓咪不會吞食毛料或衣物的碎塊，則吸吮習慣通常對貓咪無害。然而，許多貓咪會有吞下非食物的衝動，也就是所謂的異食癖。除了羊毛之外，有些貓還會吞食人的毛髮、塑膠袋、塑膠製品、瓦楞紙或木屑等物品。幸運的話，這些東西會經由消化系統排出，但不幸的話，就會造成腸道阻塞。這個亂吃東西的習慣，久而久之就會對消化系統造成永久傷害。

　　然而，異食行為有時候是因為糖尿病或貧血所引起，所以最好的辦法就是帶貓咪去看醫生，檢查是否有健康問題。若貓咪出現腹瀉、嘔吐、缺乏食慾或無精打采等狀況時，就該立刻帶去給獸醫檢查。

第十一章

好奇心作祟：如何防止貓咪闖入禁區

若世界上有任何動物能夠多維思考的話，肯定就是貓咪了。貓科動物跳躍的高度和距離，簡直像魔術般不可思議，但有時候這過人的天賦卻會讓家裡充滿好奇心的小笨笨陷入麻煩中。

若某處傳出特別的味道，貓咪就會率先去調查。若你的貓咪很愛撒嬌，可能就會在你煮東西時跳到流理臺上央求一點美食。另外，當家裡沒人時，貓咪就會偷溜進平常不會去的地方，因為牠知道沒有人會阻止牠闖禍。

因此，本章就要來談談如何解決貓咪擅闖廚房及四處打探的問題。

為何貓咪要四處冒險？

貓咪是很棒的伴侶動物，這點毋庸置疑！但貓咪有時候就是有點過於好奇。常常惹上不該惹的麻煩。由於貓咪很擅長攀爬與跳躍，因此跳到廚房流理臺上對貓咪來說根本不是個大問題，但對於正在煮飯的人來說，這問題可大了。貓咪就是無法抗拒廚房傳出的迷人香味，因此會在瓦斯爐或烤箱附近徘徊。但無論貓咪跳到瓦斯爐旁聞食物，或是偷吃洗碗槽裡的廚餘，都有可能使貓咪受傷或吃壞肚子。讓貓咪知道哪些地方是不可進入的禁區，對牠的安全非常重要，甚至可能攸關性命。

設立界線

你可能已經注意到，貓咪想去哪裡就會去哪裡，但大部分時候，貓咪之所以會亂跑，都是因為主人放任牠亂跑。若沒有設下防護措施，

使用鋁箔紙

有些貓會不想接近鋪有鋁箔紙或凹凸不平的表面，有些貓則不怕這些東西，但某些地方對貓咪來說非常不適合走動，例如使用中的瓦斯爐旁或鐵板附近。這種時候就必須無所不用其極，以確保貓咪的安全。若上述陷阱都對貓咪無效，就朝牠屁股灑點水吧（絕對不要對著臉噴水！）。雖然貓咪不喜歡被這麼做，但總比讓牠的肉墊被烤熟好。雖然不建議常常這樣對貓灑水，但為了避免貓咪因為好奇而受傷，有時難免得採取一些殺手鐧。

哪裡引起貓咪的好奇心，牠就會不辭辛勞去探險。沒錯，貓咪對各種事都非常好奇，尤其對新奇的味道毫無招架之力。

為了避免貓咪擅闖「未請勿入」的禁區，就必須設下界線。在開始之前，必須先想好要設下什麼樣的界線，例如是要完全禁止貓咪跳上流理臺，還是只有煮飯期間禁止？家裡的其他地方呢？

為貓咪設界線其實很簡單，最重要的是要有原則。一旦決定哪些地方貓咪不能去，就絕對不能妥協。有些飼主會使用澆花的噴水器，也就是每當貓咪跳上流理臺時，就朝牠的屁股噴水。這麼做的缺點是人必須在場，到最後貓咪還是會趁人不在的時候想辦法溜進廚房。另外，有些人則覺得對自己的愛貓噴水很過分。

一種比較好的做法是使用驅貓劑。如前面的章節所提過，可以使用一些產品來設立界線，避免貓咪踏入禁區。這類產品包括：

- **SSSCAT**：放到流理臺附近的地上就好。這個道具很方便，因為不會占據到流理臺上的空間。
- **鋁箔紙**：若貓咪討厭鋁箔紙，只要鋪一些在流理臺上，貓咪就不會想要跳上去，或是會立刻跳走。而且這方法同樣不會占據到流理臺上的空間。

貓咪之所以會溜進廚房，通常是為了調查那裡傳來的特別味道。

- **靜電布**：比較大膽的貓咪或許不怕鋁箔紙或氣味攻勢，這時就可以將靜電布放在流理臺上，這樣就算沒有人在廚房也能把貓咪趕走。
- **驅貓墊**：這類地墊上會有凸起的顆粒，會讓貓咪走在上面時非常不舒服。

若家裡的流理臺已經夠小了，或是不希望這些道具占據到流理臺上的空間，就可以視情況搭配不同的道具使用。

別讓貓咪吃人類的食物

另一個必須設立界線的原因，是為了訓練貓咪不要靠近人類的食物。大部分人都不喜歡吃貓咪吃過的東西，而且更重要的是，有些食物貓咪吃了會生病，甚至會中毒。巧克力、洋蔥、葡萄乾、葡萄、半熟肉和生肉都會危害貓咪的健康。就算貓咪沒有吃壞肚子，廚房和餐廳還是有許多東西可能會傷害到貓咪，例如貓咪可能會被瓦斯爐火燙到，或是被桌上的刀叉割傷。

設立界線對貓咪的安全與健康來說非常重要。

因此，第一件該做的事，就是教貓咪不可以跳到流理臺上。第二件事就是把所有食物放到貓咪吃不到的地方，尤其是沒人在家的時候。

俗話說：「眼不見為淨。」很多人在煮飯時，會將先煮好的菜餚暫時藏到微波爐或烤箱裡面，免得貓咪趁亂偷吃。用餐時間以外的時候，最好將食物收進冰箱或櫃子裡。然而，若家裡的貓知道怎麼打開櫃子，就必須額外裝上兒童櫥櫃鎖等安全裝置。

別讓貓咪吃狗食

有些貓喜歡吃狗食。雖然讓貓咪直接吃狗食感覺很方便，但這麼做從許多角度來看對貓咪都很不好。最主要的原因，是因為狗飼料無法滿足貓咪的營養需求。貓咪需要的蛋白質比狗多，而且還需要一種名叫牛磺酸

的胺基酸，這種胺基酸只能透過吃肉攝取。這就是為什麼必須給貓咪吃專門的貓飼料。

但該如何避免貓咪去偷吃狗的食物？最根本的方式，就是不要用聚寶盆的方式餵狗。所謂聚寶盆的方式，就是碗裡整天都有滿滿的飼料，讓狗狗可以隨時吃一點。改成固定時間的餵食方式，例如每天起床的第一件事就是餵狗。可以觀察狗狗平時每天早上大約會吃多少，然後只放那些分量的飼料到碗中。若不清楚狗狗一次會吃多少，可以根據飼料袋上的指示來餵，或是詢問獸醫師。接著，設下十五分鐘的鬧鐘。若十五分鐘後狗狗還沒吃完，就把剩下的食物跟碗都收起來（若是罐頭，就放冰箱冰到下一餐再吃），傍晚再以同樣的方式餵食一次。

此外，過程中必須盯著貓咪，避免牠去打劫狗的食物。最好的方法是在同時間但不同地點餵食貓咪。可以選擇一個貓咪跳得到但狗狗到不了的地方，許多人也會選擇在不同房間餵食貓和狗。如此一來，貓狗雙方都不會吃得很有壓力，也不會被對方干擾。

貓咪喜歡吃狗飼料的原因有很多種，而最主要是因為狗食就擺在眼前，不吃白不吃。若貓咪看到碗裡有狗飼料，就會覺得它可以吃，因為形狀和味道都很像貓飼料。當然，貓咪不應該吃狗飼料，因為狗飼料無法滿足貓咪的營養需求。因此，每次狗狗吃完後，就要立刻把碗收起來。

別用精油

　　液體精油對貓咪有種致命吸引力，大概是香味特別迷人吧，但精油對貓咪來說卻特別危險。加熱過的精油可能會燙傷貓咪，而且其中的許多原料還容易刺激貓咪的呼吸道，甚至會讓貓咪出現中毒反應。若非得使用精油時，就必須到沒有貓咪的房間使用。也可以使用插電式擴香機或是把香氛蠟燭放在加溫盤上（不要直接點燃蠟燭），並用其他對貓咪更安全的香味取代市售精油。

我們在這章學到了…

- 貓咪會溜進廚房，是為了調查誘人的食物香味。
- 可以同時使用主動及被動的方式（例如鋁箔紙或靜電布），避免貓咪跳上流理臺。
- 人類的食物有些會對貓有害。主人該了解哪些食物不適合貓吃，並防止貓咪接近那些食物。
- 別讓貓咪吃狗食。貓和狗有不同的營養需求，因此若以狗食取代貓食，就會造成貓咪營養失衡。
- 設立界線對貓咪的健康與安全來說非常重要。

有些人類的食物若被貓咪吃到，可能會讓貓咪生病或中毒。

節慶危機

小孩常常到了聖誕節前就會變得特別乖巧，但貓咪則相反。無論家裡年底慶祝的是聖誕節、光明節還是寬扎節，通常家裡的擺飾都會特別吸引貓咪。從貓咪的角度來看，可說是整個家頓時變成了一個巨大的貓玩具，到處都是香氛蠟燭、零食點心、（禮物上的）緞帶與麻繩、彩帶，以及閃亮的擺飾，更別提客廳那棵巨大又好爬的樹了（樹的味道對於愛好香味的貓咪來說，更是無法抗拒）。家裡頓時充滿可以探索、嗅聞及品嚐的新東西。該怎麼辦才好？總不能為人類準備一棵聖誕樹，為貓咪準備另一棵專屬的聖誕樹吧？

在節慶前後，你和貓咪都得各退一步。為了把對貓咪和房屋的傷害降到最低，也避免自己失去理智，請按照以下指示進行預防措施：

- 把所有可愛但易碎的擺飾收起來，例如奶奶傳下來的傳家寶。另外，不要在聖誕樹上掛流蘇彩帶，金蔥條則要掛在貓咪摸不到的地方。不要點蠟燭。

- 除非有人在場監視，否則不要讓貓咪單獨進入放滿各種聖誕擺飾的房間內。從以前到現在時常傳出貓咪趁主人不注意時撲倒聖誕樹的災情，不但擺飾會被破壞，貓咪也可能會受傷。因此，務必設立界線避免貓咪接近擺飾（尤其是聖誕樹）。

- 電線必須掛在貓咪無法觸及的地方，或是噴上苦味劑。因為就算只是咬一口，後果也會很嚴重。

- 不要擺放槲寄生、冬青樹、百合花，或其他對貓咪有害的植物。可以到美國愛護動物協會的網站（www.aspca.org），看看哪些植物對貓咪有害。

- 在聖誕樹附近擺放貓抓板、貓草或貓薄荷。

設立界線能保護貓咪的安全，避免貓咪惹麻煩、受傷或死亡，因此不光是節慶期間，平時也該這麼做。

第十二章

呃……
多謝喔:
貓咪送老鼠
當禮物時該
怎麼辦?

貓咪帶了禮物來送你,但很不幸地,這個禮物是噁心又黏糊糊的老鼠或小鳥屍體,而且這些動物的死狀有點慘,不是頭被咬掉,就是被撕成碎塊。

你也可能收到一條老鼠尾巴。這些禮物都噁心到不行,你希望貓咪能別再送你這些大禮了。

為何貓咪要狩獵

　　若沒養過貓，或是養的貓從沒打過獵，你可能會很驚訝就算是養在室內又三餐無虞的貓，還是會喜歡狩獵。貓咪就算吃飽了，也還是會去追殺小動物，因為這是貓咪數百年來的天性。

　　想想看，貓咪大約在一萬年前馴化，而且是由貓咪主動馴化，不是被人馴化。人類讓貓咪住在家裡，請牠們幫忙獵捕老鼠及其他害獸，避免農作物受到齧齒動物及牠們身上的寄生蟲所害。直到近幾年為止，貓咪最主要的工作還是殺老鼠！

　　貓咪是掠食者。也是肉食性動物，因此必須吃肉才能生存。貓咪在野外時會吃老鼠、小鳥甚至小隻的兔子等小動物。貓咪在狩獵時會追捕並逗弄獵物，直到獵物累了再出手殺掉，藉此將自己受傷的可能性降到最低。儘管在人類眼裡看似有點殘忍，但這些行為對貓咪來說都非常自然。

貓咪是肉食性的掠食者，因此，天生就會展現出狩獵的欲望，這點就連家貓也不例外。

　　在用羽毛或逗貓棒和貓咪玩時，基本上就是在刺激貓咪的狩獵本能。飛撲橡膠老鼠和追逐繩子上的玩具，都是貓咪在狩獵的表現。貓咪很喜歡不規則移動的東西，若讓玩具以不規則的方式移動，貓咪就會追得更起勁。因為那樣的移動方式就和老鼠一樣，尤其是被追趕中的老鼠。貓咪之所以會追得很興奮，就是因為老鼠般的移動方式會刺激貓咪尾隨及狩獵的本能。除了磨練自己的狩獵技巧外，貓咪其實也喜歡這樣和主人互動。此外，這樣的運動有助於貓咪保持健康、避免憂鬱，加強與主人間的感情。

為什麼貓咪要送老鼠屍體（或屍塊）？

　　現在，你已經知道狩獵對貓咪來說，就像呼吸或飲食一樣自然。那贈送老鼠屍體又是怎麼回事？

有毒的老鼠

大家都知道老鼠藥會讓貓咪誤食並中毒，但你知道若貓咪吃到被毒死的老鼠，貓咪也會被毒死嗎？就算毒藥已在老鼠體內被代謝掉，毒性也依舊不容小覷。

因此，千萬別用毒藥、捕鼠器或黏鼠板來殺老鼠。可以使用比較人道的陷阱，避免貓咪和老鼠一同走上黃泉路。

目前學者對這個行為仍眾說紛紜。第一種說法與主人的地位有關：貓咪將主人視為貓老大，因此會藉由分享獵物來表示敬意。貓咪在送禮物之後，有時會喵喵叫試著引起你的注意，並等著你稱讚牠。身為主人，想想其實還滿威風的。

我個人認為第二種說法的可能性較高，也比較有趣：貓咪已經發現你不擅長狩獵，因此決定肩負起貓媽媽的責任教你如何狩獵。首先，牠會帶一些「食物」給你，也就是整隻或部分的死老鼠。接著，若你很幸運（我也曾經這麼幸運過），貓咪會帶一隻未死透的老鼠給你，讓你學習如何親自殺死獵物（想像一下當你沒有如貓咪預期將半殘的老鼠殺死時，貓咪會對你的無能感到多驚恐）。

雖然你可能不喜歡貓咪送你的禮物，但當貓咪帶食物給你並照顧你時，實際上你是受到了貓咪的認可。因此下次當你收到一隻無頭老鼠時，請記得這是一種讚美，然後趁貓咪沒注意的時候再偷偷丟掉。

如何避免貓咪再外出狩獵

若不想要貓咪狩獵，該怎麼做？若老鼠是在家裡抓到的（像我家有時候就會出現），那就沒希望了。無論你怎麼做，貓咪就是會去追殺老鼠。換個角度來看，貓咪至少比捕鼠器有效率多了。一旦老鼠沒了，貓咪就沒東西可以殺了，屆時問題自然會迎刃而解。

若想要趕走家裡那些吱吱叫的不速之客，千萬別用老鼠藥，免得會傷害到貓咪或其他動物。若貓咪吃到體內有毒藥的老鼠，貓咪也會

中毒。若想用捕鼠器，就要用人道的捕鼠陷阱，並且設置在貓咪無法到達的地方免得牠受傷。

若自由進出的貓會一直把小鳥或老鼠屍體帶回來怎麼辦？由於我們不可能掌控貓咪在外的行徑，因此最好的方法就是讓貓咪待在室內。如此一來，野生動物就不會再被貓咪撲殺，而貓咪養在室內也比較安全。

另一種減少狩獵的方式就是把貓咪餵飽，因此在外遊蕩時就比較不會想要捕殺一些「零食」來吃。在脖子上繫鈴鐺也能減少貓咪成功捕殺野生動物的機會，但這麼做可能會讓貓咪感到很挫折。

雖然不可能根除貓咪狩獵的欲望，但只要讓貓咪有各種玩具可以玩，就能透過遊戲滿足貓咪的欲望，進而減少狩獵野生動物的行為。

總而言之，最能根本避免狩獵本能衍生成問題行為的方法，就是讓貓咪保持忙碌。讓貓咪有各種玩具可以玩，並每天安排時間與貓咪一起遊戲，就能讓貓咪透過遊戲滿足狩獵的欲望。

我們在這章學到了…

- 貓咪是掠食者，所以獵捕老鼠和小動物的行為是天性。
- 貓咪之所以送你死老鼠（或屍塊）作為食物，是因為貓咪希望你能學會如何狩獵。
- 若是讓貓咪自由進出，牠就會不停狩獵並帶給你小動物屍體。把貓養在室內，是唯一的解決方式。
- 若家裡就有老鼠，貓咪可能就會去獵捕牠們。
- 千萬別用老鼠藥或捕鼠夾，因為可能會傷到貓咪。僅可使用經過認證能夠避免傷到寵物的人道捕鼠陷阱。另外，若貓咪吃到被老鼠藥毒死的老鼠，貓咪也可能會中毒，所以無論如何，千萬別放老鼠藥。
- 最能根本解決這問題的方式，就是給貓咪許多玩具並固定安排時間跟貓咪玩，好讓牠們保持忙碌。

狩獵遊戲

　　貓咪是非常專業的獵人。貓咪已知能夠狩獵超過一千種動物作為食物。身為優秀的掠食者，貓咪的狩獵方式是運用爆發力全力追捕，然後再休息很長一段時間。家貓會埋伏或撲向獵物，藉此讓獵物失去行動能力，這點和牠們野外的親戚一樣。所有的貓科動物都有這樣的狩獵習慣，因此主人不可能改變貓咪這樣的習性。母貓會教導下一代如何捕捉、殺死並吃掉獵物。

　　因此，家貓（尤其是幼貓）特別愛玩。養貓的人可能都注意過，大部分貓咪無法抗拒懸在空中的線頭或在地上跳動的橡膠老鼠。那是因為這些玩具會模擬獵物移動的方式，因而刺激貓咪的狩獵本能。若貓咪所居住的環境中沒有任何獵物可以追捕時，就會透過追捕想像中的獵物來展現自己的狩獵本能。你可能看過貓咪在家裡暴衝、到處跳上跳下、掛在窗簾上，或是把人類想像成獵物而悄悄跟蹤在後。只要準備夠多玩具及提供充足的遊戲時間，就能避免家裡的小獵人出現問題行為。隨著年齡成長，貓咪可能會漸漸對於跟蹤和飛撲獵物感到倦怠，因此這些狩獵行為就會愈來愈少見，甚至完全消失。

第十三章

值大夜班：夜間過動的問題

你在工作一整天後，
已精疲力盡。
隔天早上要簡報，
所以今晚必須睡好。
你喝了洋甘菊茶、
設鬧鐘、爬上床，
結果燈一關掉，
你就聽見貓咪在玩玩具，
還像個拒絕睡午覺的
五歲小孩一樣，
在家裡蹦蹦跳跳。

貓咪甚至跳到你的身上，偶爾還輕輕咬你的耳朵或腳趾。你突然有點後悔養寵物。但其實只要知道貓咪在夜晚行動的理由，就能降低貓咪在夜晚的活動量。

貓咪非得在半夜玩嗎？

為什麼每次燈一關掉，貓咪就開始四處奔跑？有沒有方法可以讓貓咪不要一到半夜就像個小瘋子？首先你必須知道，大部分貓咪都是夜行性，牠們的獵物也大都在晚上行動。貓咪在野外時，白天通常都在睡覺，直到傍晚獵物開始行動時，貓咪才會開始行動。

對於室內貓來說，玩遊戲只是狩獵的另一種形式，因此會在夜晚特別清醒且行動力十足。貓咪不知道主人晚上必須睡飽，可能甚至覺得主人晚上睡覺的作息很怪。畢竟晚上對貓咪來說是清醒的時間，所以牠們不懂主人的作息為什麼會「日夜顛倒」。

在睡覺時間前消耗貓咪體力

若貓咪一直瘋狂跳來跳去，怎麼可能睡得好？因此，在準備去睡覺之前（甚至最好趁黃昏你和貓咪都還有體力時），就得開始進行睡前準備。最好能夠每天固定跟貓咪玩一段時間，效果才會最好。以下是詳細做法。

當你在煮和吃晚餐時，先丟玩具讓貓咪自己玩。事前把貓咪喜歡的玩具埋在貓薄荷中一到兩天，玩具就會充滿貓薄荷的味道，貓咪就會愛不釋手。若你的貓咪是喜歡嗑貓薄荷的「癮君子」，這味道會讓牠無法抗拒，會不由自主地玩起來。就算對貓薄荷沒反應，貓薄荷的味道也會讓玩具聞起來像新的一樣，因此會帶來新鮮感。大部分貓咪在玩具方面都很喜新厭舊，所以這招對貓咪來說很有效。讓貓咪好好地玩一下玩具。

吃完晚餐後，拿逗貓棒或貓釣竿和貓咪玩

你知道嗎？

雖然貓咪屬於晨昏活動型的生物（也就是在清晨與黃昏時最活躍），但牠們通常會在夜晚狩獵，因為獵物通常都在這時候出沒。貓咪的夜視能力非常好，而且可以透過擴張瞳孔來盡可能捕捉光線，因此可以在近乎漆黑的環境中清楚看見周遭事物。

（還可以一邊看電視），直到貓咪玩膩為止，然後休息一下，等到貓咪看起來又有興致時，就再跟牠玩，玩到你準備去睡覺為止。這麼做不但能增進你與貓咪的感情，也能讓彼此一覺好眠。

　　跟貓咪玩的方式也很重要。你必須讓貓咪覺得玩具就像真的獵物一樣（記得用貓釣竿或逗貓棒和貓咪玩，免得被抓傷），想辦法讓玩具動起來就像老鼠或受傷的鳥一樣，成功的話貓咪就會玩得很瘋狂。偶爾要讓貓咪抓到玩具，或是讓貓咪把玩具叼走，然後再重新和貓咪玩。

最能有效減少貓咪在半夜活動的方式，就是在睡前和牠們玩。

　　一旦到了睡覺時間，就漸漸增加讓貓咪抓到玩具的次數，藉此慢慢降低遊戲的刺激程度。接著，把玩具通通收起來，讓貓咪自己靜靜休息一下。貓咪會接收到「休息時間到了」的訊息，而且玩了這麼久也已經累了，因此會很高興能夠休息。在溫馨的遊戲時間結束後，貓咪會很樂意乖乖到床上和主人睡覺。

調整生理時鐘

　　基本上，在傍晚和貓咪玩遊戲，能調整貓咪的睡眠時鐘，避免貓咪打擾你睡覺。這段調整期需要多久時間？這要根據每隻貓而定。我認為至少要跟貓咪密集玩兩個月之後，才能調整成在睡前玩一兩次就好，但沒有人能說得準，也許你和貓咪都玩得很愉快，因此就算貓咪已經會乖乖在晚上睡覺，你們也持續會在睡前玩，彷彿已成為你們的睡前儀式。

　　若家裡有兩隻以上的貓且到了晚上還不想睡的話，我敢打包票牠們半夜肯定會起來走走。在上床睡覺前和這些貓咪好好玩一下，就能減少牠們在半夜活動的程度。

貓咪太吵時該怎麼辦？

　　就算已經在睡前和貓咪玩，牠們有時候還是會在半夜起來玩。你可以試試以下方法。首先，把貓咪帶進臥房並把門關上，這樣牠就會知道應該要靜下來好好睡覺了。當然，這是最理想的情況。

　　若貓咪仍然像個小忍者一樣在黑夜中行動，或是會一直叫你幫牠開門，可能就得把貓咪關進離臥室遠一點的房間內，因此就算發出聲音也不容易吵到你。為貓咪準備一個專門用來睡覺的房間（記得放砂盆）也是個不錯的方法。若貓咪堅持不肯睡，就只好放許多貓抓板、跳臺和玩具，讓貓咪自己玩到累了再睡覺。另外，建議在傍晚或睡前把吵人的玩具收起來（例如有鈴鐺或會發出聲音的玩具），貓咪才不會在睡前或夜深人靜時想到要玩那些玩具。若有必要，也可使用 SSSCAT 或靜電布等驅貓用品防止貓咪接近臥室或不該碰的東西。

起床號

　　每天清晨你還在安穩睡覺時，貓咪就會跳到你身上，或是開始叫個沒完。你試著忽略牠們，但沒有效。就算把牠們趕出臥室並關上房門，貓咪也只是叫得更大聲，甚至一直抓門，每天都搞得你白天精神不濟。

　　但貓咪醒了就是醒了，而且牠一旦醒來，就覺得你也該醒來了。此外，貓咪的生理時鐘和人類不同。你能怎麼辦？若你起床的第一件事就是餵食，貓咪會很早就把你叫醒，因為牠們在等你放飯。因此，盡可能在你起床盥洗後再放飼料。另外，也可以在睡前留一些玩具給貓咪，讓牠們在你醒來前有事可做。若不斷忽略貓咪的起床號，牠可能就會放棄，自己去找別的事做。

若貓咪不喜歡晚上
被關在臥房中,可
以讓牠在其他不會
吵到你的房間內自
由玩樂。

我們在這章學到了…

- 野貓習慣在深夜狩獵,因此家貓也會在半夜起來玩。
- 盡量將貓咪的遊戲和吃飯時間安排在白天和傍晚,就能讓貓咪的作息和我們更接近。
- 可以在睡前多和貓咪玩,讓貓咪玩到累。盡量別讓貓咪在傍晚睡午覺。
- 把貓咪帶進臥室並關上門,能讓貓咪知道睡覺時間到了,因此有助於調整貓咪的睡眠時間。
- 若貓咪不喜歡被關在臥房中,可以讓牠在其他不會吵到你的房間內整晚自由玩樂。
- 若上述方法都沒用,耳塞永遠是你的好朋友!

第十四章
聽到我說話了嗎？關於愛說話的貓咪

喵、喵、喵，你的貓整天就是叫個沒完。無論是有人回家、倒飼料或是想要獲得注意時，貓咪就是一直在叫，簡直讓人心煩意亂。能讓貓咪少說點話嗎？

只要了解貓咪叫的原因，不只能更了解貓咪在想什麼，也能有效解決貓咪叫個不停的問題。

貓咪為何而叫？

貓咪到底在說什麼呢？貓咪的叫聲顯然是種溝通手段，但和人類不同的是，牠們的叫聲沒有固定的語言。非常弔詭的是，野生的貓科動物和住在野外的貓其實都不常喵喵叫。喵喵叫似乎是室內貓試圖引起人類注意的特有方式。

貓是非常聰明的生物。貓咪之間有許多不同的溝通方式，例如身體姿勢、氣味和叫聲等，但牠們在長年觀察人類後，發現我們聞不到費洛蒙的氣味，而且對貓咪的肢體語言常常感到一頭霧水。每當聽見別人呼喚，我們就會有所回應，因此貓咪很快就發現聲音是人類最主要的溝通工具。於是，貓咪學會用喵喵叫的方式向人類表達需求。

有些品種的貓天生就比較愛說話，例如東方品種的貓就特別愛叫，因此常常叫個沒完沒了。

貓咪是非常聰明的生物，牠們發現人類主要透過說話來溝通，因此學會藉由對人喵喵叫來表達需求。

多變的叫聲

　　貓咪的叫聲非常多變，除了「喵」之外，還會發出「哈」、「嚇」等威嚇聲和呼嚕聲。科學家相信貓咪可以發出超過一百種以上的聲音，但對於貓咪如何發出呼嚕聲，目前學界還沒有一致的看法。有些科學家認為貓咪是透過假聲帶發出呼嚕聲，有些則認為是透過胸腔肌肉收縮而發出。此外，專家也無法認定貓咪呼嚕的理由和意義。貓咪在開心、放鬆和滿足時會呼嚕，但在疼痛或壓力大時也會。有些品種的貓非常愛說話，有些則比較文靜。

　　貓咪還有許多非口語的溝通方式，例如身體姿勢（耳朵、尾巴、毛髮、表情）和費洛蒙（氣味）等。有些飼主光是看到耳朵或尾巴擺動的方式，就知道貓咪的心情或想法。這些飼主懂得解讀貓咪的肢體語言。解決問題行為的最好方式，就是多認識自己的貓咪。更重要的是，彼此理解也有助於培養感情、信任及一生的羈絆。

如何阻止貓咪叫個不停

　　貓咪會叫，是因為你曾經對牠的叫聲有所回應，而且牠們得到了想要的東西。舉例來說，若貓咪總是在大清晨要你打開房門讓牠進來，但你覺得這樣好累，不想要每天在鬧鐘響之前就被叫醒的話，解決這問題的最好辦法，就是不要理會貓咪的叫聲，等牠安靜下來才去開門。

　　這方法可能會面臨一個棘手的狀況，就是貓咪為了引起你的注意會愈叫愈大聲。這就像一個人不斷對另一個不懂自己語言的外國人說母語一樣。這種情況下，說話的人可能會說得大聲一點、慢一點，試圖讓對方理解自己在說什麼。同理，貓咪可能會認為你誤解了牠的意思，所以會更努力想要讓你理解牠的想法，但這麼做到頭來只會讓雙方都感到疲累。

　　另一個方法，就是靠響片訓練來解決，也就是藉由響片讓貓咪培養新的習慣，取代不斷喵喵叫的行為。要使用這方法，首先必須進行

貓咪之所以會喵喵叫，就是因為你曾經對牠的叫聲有所回應，因此面對愛亂叫的貓咪最簡單的方式，就是忽略牠，直到牠安靜下來為止。

基本的響片和指揮棒的訓練（詳見第二章）。訓練完成後，就可以讓貓咪知道「喵喵叫不會得到想要的東西，但另一個做法可以」。

選一個貓咪沒有在對著你叫的時間，就可以開始訓練。舉例來說，若貓咪晚上會一直對著你叫，要你打開寢室的房門，就必須先等到貓咪停止喵喵叫（但還在房門附近，只是暫時沒有想要進出房間）時再開始訓練。這個訓練需要用到響片和指揮棒把貓咪引到門邊，所以這兩個道具要事先準備好，才能在時機到來時快速取得。當貓咪走近關上的門邊時，按下響片並給零食。接著，讓貓咪坐在門邊等待。當貓咪照做時，按下響片並開門。貓咪可能會對此感到驚訝、快速進去房間巡邏一番，或是在原地繼續等零食。若還想要零食，就再給牠。當貓咪逛完房間走回門口時，就把門關起來，然後重新進行一次訓練。順利的話，以後就不再需要零食與響片了。

在徹底矯正這問題之前，平時可以盡量多把門關上，才有夠多的機會進行訓練。每當貓咪叫你幫牠開門時，要對牠的叫聲不為所動，然後去拿響片和指揮棒重複進行整個訓練。

響片也能用來為貓咪養成其他的好習慣，例如可以訓練貓咪不要一接近吃飯時間就叫個沒完，或是不要在人類吃東西的時候在旁邊一直叫。藉由新的習慣取代舊的行為，就可以教導貓咪各種好習慣（以本章來說，就是不要一直叫個不停）。

我們在這章學到了⋯

- 貓咪會喵喵叫，通常是為了吸引人類的注意。
- 有些品種的貓特別愛叫。
- 可以藉由不理睬的方式，降低貓咪叫的頻率。
- 可以透過響片，訓練貓咪用別的行為取代喵喵叫。

喋喋不休

　　貓咪不可能完全不叫。若沒辦法忍受貓咪叫不停，就不要養天生愛說話的品種，例如暹羅貓或其他東方品種的貓。

　　過度喵喵叫最常見的理由，就是因為喵喵叫已經成為學習而來的行為。貓咪往往叫到後來，早已忘記自己要什麼。有時候，生理的問題（例如飢餓、疼痛、發情或生病）或心理的問題（恐懼、焦慮等）也會讓貓咪叫個不停

第十五章

出門囉！
關於貓咪的
旅行恐懼症

我們有時候，

就是必須帶貓出門。

不是指帶去寵物公園玩

或是帶去陪逛街，而是指

帶去獸醫院或寵物旅館。

如果有參加寵物選美或

各種比賽，也可能得

開車帶著貓咪到處旅行，

而且往往得在外地留宿。

若萬一要搬家呢？

該怎麼為貓咪做好準備？

無論車程長短，只要帶過貓坐車，就會知道貓咪在車上有多瘋狂。貓咪不喜歡離開自己的地盤，牠們比較想要待在家裡。然而，只要經過適當訓練並準備好一切必需品，還是有辦法能讓貓咪更適應旅行生活。

貓是居家的動物

為什麼貓咪會如此抗拒出門？為了理解貓咪為何焦慮，就要從貓咪的習性看起。貓咪基本上是非常居家的動物。無論是家裡、暗巷或空地，貓咪都不喜歡離開自己的地盤。野外的貓咪只有在必要時會離開自己的地盤，例如找不到好的獵物、被其他貓咪搶走地盤，或是有其他掠食者入侵時。

前面提過，當人類開始進入農業生活時，貓咪才開始馴化。田裡及穀倉裡的農作物會吸引老鼠前來，於是附近的貓決定待在農民身邊，因為可以輕鬆獵捕到老鼠。雖然貓咪因為豐富的食物來源與住所而接近人類，但這過程非常緩慢且小心翼翼。人類也發現貓咪能幫上很大的忙，因此在移居其他地點時，也會把貓咪一併帶去。然而，與過去的貓祖先比起來，現在的貓咪肯定比以前更不喜歡遷徙。

野外的貓咪只有在必要時會離開自己的地盤，例如找不到好的獵物、被其他貓咪搶走地盤，或是有其他掠食者入侵時。

基本上，貓咪沒特別喜歡新的體驗。與其面對新環境，牠們還比較喜歡一成不變的生活。但這不表示我們無法訓練貓咪學習接受新事物並習慣出門旅行。

訓練貓咪旅行

想要訓練貓咪旅行，就要從小開始。想要訓練貓咪能夠自在出門其實很簡單，光是小時候時常被帶去獸醫院或朋友家，貓咪就不容易怕東怕西。幼貓時期是養成貓咪性格的重要時期。幼貓和人類幼兒一樣，會透過摸索的方式來認識世界，因此這段時間是訓練貓咪的黃金時期。話雖如此，只要方法正確，就

沒有比家更自在的地方了

　　貓咪喜歡待在家的原因，可以從演化來解釋。最主要的原因是想要確保野外有足夠多的獵物及資源，這點無論大貓或小貓都一樣。貓咪之所以會劃分地盤，就是為了避免整天與競爭對手打架，進而有利於生存。貓咪之間最常爭鬥的原因，就是獵物減少或有新的貓闖入地盤。除了獅子之外，其他貓科動物都是獨來獨往的狩獵者。

　　當其他貓咪進入自己的群落時，野貓通常會採取睜一隻眼閉一隻眼的態度。雖然大家具有各自的地盤，但彼此之間還是有一些社會連結。這種情況在缺少資源的地方尤其常見，例如大城市中總有過多的貓被迫在狹小的空間中生存。

算是老貓也能學會新把戲。

訓練貓咪習慣外出籠

　　為了能夠帶出門，就必須訓練貓咪能夠待在籠子裡面。可以讓貓咪睡在門開著的籠子裡，增加對籠子的熟悉感。為了讓貓咪喜歡睡在裡面，必須讓籠子裡的睡眠環境愈舒適愈好。可以在籠子底部鋪上舒服又柔軟的毛巾或絨毯，也可以在裡面噴一點貓費洛蒙，讓貓咪感到更自在。在進入籠子前，可以先在籠子附近玩玩具，讓貓咪對籠子降低敵意，接著當貓咪進去時，可以和貓咪溫柔說話，藉此進一步降低牠對籠子的厭惡感。接下來，試著關上籠子的門一下下。若貓咪開始驚慌，就立刻開門，改天再訓練。

　　重複整套流程，直到貓咪能夠接受待在關上門的籠子內。最後，貓咪就會了解狀況，因此會稍微放輕鬆一點。若貓咪看起來還算冷靜，可以試著關上門並遠離籠子一兩分鐘，然後再回去把門打開。重複這麼做幾天，每次漸漸延長待在籠子內的時間。就算貓咪哭著求救，也必須忍耐一下。記得在每次訓練後，都要給貓咪充足的遊戲時間及關愛。每次訓練都要以正面的感受收尾。只要有耐心並給予足夠的鼓勵，

貓咪就會適應籠子內的環境，甚至可能會把籠子當作自己的祕密基地來珍惜。

外出籠類型

家裡最好準備兩種類型的外出籠。一種用在搭車出門時，籠子裡除了貓咪之外，最好要大到放得進床、食物、水盆及小砂盆。但是不要大到塞不進車子裡。最好還能有一個寵物旅行提袋，這種提袋適合較短的路途或搭飛機時使用，而且對貓咪來說比航空公司提供的塑膠籠還要舒服多了。提袋的大小應該要能夠放到飛機的椅子下（在旅行前，務必事先與航空公司確認是否能用提袋將貓咪帶上飛機）。

壓力較低的選擇：汽車

貓咪第一次出遊時，壓力應該要愈小愈好。帶去朋友家玩（必須事先做好規劃，避免貓咪因為緊張而脫逃）或是簡單開車兜風都是不錯的選擇，在回到家後給貓咪獎勵，讓牠知道旅行其實也沒那麼糟。記得這幾次出門的時間都要盡量簡短且安全，免得貓咪討厭旅行。

帶貓咪上飛機

現在有不少班機可以帶貓咪翱翔天際，但在買機票前必須先做點功課。有些航空公司會要求出示每隻寵物出發前十天內的健檢報告。每個航空公司也會有各自的相關規定，例如寵物是否能帶到座位上或是必須待在貨艙。這就是為什麼一定要事前與航空公司確認相關規則與細節。有些航空可以免費讓主人將寵物放到座位下方，有些則會額外收費。旅行前務必仔細規劃，免得寵物在機場卡關。

要注意的是，航空公司常常會出於安全因素或特殊情形而更改規則，因此記得每次前往機場前，都要向航空公司詢問最新的規則，確保自己和貓咪都能有一趟舒適的旅程。

帶貓咪旅行時，不要把貓咪放出籠子外，才能確保人與貓雙方的安全。

　　另外，千萬別在車內把貓咪放出籠子。放在籠子裡能避免貓咪因為緊張而鑽到腳邊或跳出窗戶，因而造成車禍或意外。可以在車內噴貓費洛蒙，幫助穩定貓咪情緒。

訓練貓咪坐車

　　若想訓練貓咪習慣搭車出門，幼貓期同樣是訓練的黃金時期。和其他的訓練一樣，正面的鼓勵是最重要的關鍵。可以使用貓咪愛的零食或玩具，讓貓咪在旅行途中分散注意並保持愉快。當然，整趟車程中，都必須讓貓咪待在籠子裡。在訓練初期，可以讓貓咪信任的其他人（例如其他家人）坐在旁邊安撫牠，並從籠子門縫塞零食給牠。循序漸進增加貓咪待在車上的時間，直到貓咪不再認為旅行是一件恐怖又充滿壓力的苦差事為止。每次旅行之後，務必要花點時間多陪陪貓咪，讓牠相信主人還是一樣愛牠，並幫助牠恢復安全感。

　　每次旅行都要簡短而有趣。若每次出門都能有正面的回饋，貓咪就會逐漸學會在旅途中放輕鬆，搭車的壓力也會漸漸降低。

行前準備

與貓咪出門時，記得攜帶貓咪會用到的各種物品，才能讓貓咪在旅途中保持愉快，並且避免貓咪因為旅行中的不舒適而衍生出問題行為。盡可能讓貓咪的生活作息維持和家裡一樣。若和待在家裡時有一樣的遊戲及吃飯時間，貓咪就比較不會有壓力或焦慮感。每天記得空出一點時間，額外給予貓咪一些關愛。若貓咪在途中愈有「彷彿在家的感覺」，就會感到愈自在。

身分證明

去任何地方之前，應該要在貓咪身上放一些能夠證明身分的東西。

首先，在吊牌寫上貓咪的基本資料（名字、住址、主人的聯絡方式），然後掛在貓咪的項圈上。這類吊牌都很便宜且容易買到（動物醫院、郵購或寵物用品店都有賣）。甚至有販賣機能夠在短短幾分鐘內做出客製化的閃亮亮吊牌。

若貓咪沒有項圈，可以在大部分的百貨公司或寵物用品店買到。記得一定要買有安全扣環的項圈，也就是勾到東西時會安全鬆脫的項圈，避免貓咪窒息而死。這種項圈的優點很明顯，就是能救貓咪一命，但缺點是一旦項圈鬆脫，可能就無法識別自己的貓咪了。因此，還要為貓咪植入晶片。

若沒有某種形式的永久身份證明，可能就再也找不回走失的貓咪了，但只要植入晶片，就能驗證貓咪的身分並送回主人身邊。寵物晶片只有一粒米的大小，植入後不會造成疼痛的感覺，而且原則上永久有效。醫師會將晶片植入在肩胛骨之間的皮下組織。植入過程可能

注意事項

雖然很多人已經知道這件事，但因為很重要，所以這裡要再次呼籲：千萬不要把貓單獨留在車上，尤其是在大熱天。就算車窗是開的，車內的溫度也會快速上升，因此貓咪很快就會熱衰竭。就算氣溫很低，也會造成其他問題，所以出門前應該要好好規劃行程。若途中必須在許多地方下車，或在某個地方必須下車很久，那就最好把貓咪留在家裡。

會讓寵物稍微不適，但這不舒服的感覺很快就會消失，而且長期來說非常值得。

植入晶片之後，就可以登記到全國的資料庫中。被尋獲之後，貓咪就會被帶到能夠掃描晶片的地方，並讀取晶片中的資訊。接著，獸醫院或收容所就能聯絡管理單位、查出飼主的基本資料（姓名、住址、聯絡資訊等），然後聯絡飼主將寵物帶回家。

至少理論上是如此。實際上，收容所或醫院必須要有儀器能夠讀取晶片才行。雖然寵物晶片還沒有一致的規格，但許多製造商已經在努力提供標準化的讀取機。另外，主人也必須事先登記寵物（只需要付一次費用），並且在有需要時更新聯絡資訊才行。

雖然晶片系統仍不完美，但當寵物不幸走失時，晶片通常還是能發揮功效，而且比起毫無線索來得好。

為貓咪打包行李

和貓咪旅行時，必須先準備好一些東西，才能讓這趟旅途更順利。貓咪和人一樣都有一些基本需求要滿足。更重要的是，必須讓貓咪在旅途中保持健康與安全。由於旅遊充滿不確定性與各種危機，因此貓咪可能會承受不了。

基本用品

貓咪討厭改變，像是生活環境和飲食都不喜歡有太大變化。不是只有人類會在旅行途中出現消化不良或失眠等症狀。務必帶齊以下的用品，確保貓咪有個舒適的旅途：

- **貓籠**：籠子的尺寸取決於貓咪要搭飛機或搭車。若是飛機，籠子的大小最好能夠塞到椅子下方。若是汽車，籠子內最好能放進食物、水及砂盆。
- **項圈與身分吊牌**：這是最基本必備的東西。

貓咪走失在外時，若身上有吊牌能讓撿到的人看見聯絡資訊，或許能因此挽回貓咪的性命。

- **胸背帶與牽繩：**在無法讓貓咪待在籠子裡，或貓咪必須在不安全的地方例如休息站下車時，這些用品就非常實用。
- **疫苗接種與看診紀錄：**若要上飛機，就必須提出經過醫師簽章的健康證明。就算是搭車，若貓咪的疫苗接種及看診紀錄有帶在手邊，就能在發生緊急狀況時派上用場。
- **食物與飲水容器：**每次出門時，都要準備比預計離家時間多出一天份的食物量。不要讓貓咪吃來路不明的食物，避免消化系統出問題，否則會讓旅途變得對人和貓雙方都相當折磨。發生意外狀況時，例如天氣極端惡劣時，可能會需要好幾天份的食物，務必事前做足準備。此外，若要搭飛機，就要事前與航空公司確認是否需要將食物和飲水的容器固定在籠子上（通常都規定必須這麼做）。
- **寵物急救箱：**路上有可能發生各種意外，因此必須為貓咪準備好在抵達醫院之前可能用到的醫療用品。

何時才應該以藥物輔助？

你已經試過要讓貓咪愛上旅行，但牠就是不喜歡出門，因此你決定投降，放棄帶貓咪出去玩的夢想。

但有時候，貓咪就是必須離開家門。最顯而易見的原因，就是貓咪總得去看獸醫，不過若有認識願意出診的醫生，確實就可以不用出門了。大部分情況下，這些能夠出診的行動獸醫會來到家裡進行檢查。但這裡談論的不只是去附近看醫生的問題。像是主人要到國外生活，或是必須長時間離家時，貓咪也可能得跟著離開家裡。

若必須搭車或搭飛機，但貓咪總是焦慮到無法出門時，就必須尋求醫師協助。醫師會開能夠幫助貓咪鎮靜的藥。服藥並不是最好的解決方式，但若貓咪就是無法接受旅行，這麼做有時可能是唯一的方法了。

- **旅行用砂盆與貓砂**：貓咪或許可以接受一點妥協，但貓砂是牠們最後的底線。千萬別挑戰貓咪對廁所的挑剔程度。
- **酵素清潔劑與抹布**：若發生金黃色的意外，就可以派上用場。
- **床、玩具、可攜式貓抓板**：這些算是非必需品，但若能夠帶著的話，貓咪一定會很感激，而且也能增加貓咪的安全感。

快樂出遊：旅行時必須遵守的的原則

現在你已經做好萬全準備，即將要帶貓咪上路了。在出發前，務必記得在整趟旅途中，貓咪的安全都是最首要的考量。無論在路上或在旅館房間內，都務必讓貓咪待在籠子或提袋內，否則貓咪很可能會在不熟悉的環境中走失，這樣的旅途絕對不會留下美好的回憶。

若預計要住旅館，記得在預約前確認是否能攜帶貓咪入住（很多旅館都不行）。有些旅館會收取額外的費用作為清潔費或是避免寵物破壞擺飾。雖然有些飼主會覺得自己被剝削了，但過去其實有非常多寵物造成旅館麻煩的案例，因此若站在老闆的角度來看，他們其實也只是自保而已。

無論如何，千萬別試圖偷偷把貓咪帶進旅館中。工作人員很快就會發現房間內有動物待過的痕跡，你可能會被加收費用，甚至被趕出旅館。

寵物相關的旅館禮節

不要讓貓咪在房間內自由行動。房務或清潔人員可能會不小心讓貓咪跑出門外（他們可能會不知道房間內有貓咪），或是貓咪因為看到陌生人很緊張，因而亂抓東西、噴尿或攻擊他人。雖然可以在門外貼上告示提醒旅館的工作人員，但放任貓咪自由行動還是會有一定風險。

住在旅館的期間，可以把貓咪的砂盆和碗盤放在浴室裡，萬一用髒的話會比較容易清理。若貓咪晚上喜歡和人一起睡，可以自己帶一條毯子鋪在床上，避免床上沾滿貓毛。下一位客人可能會對貓毛過敏，因此最好能替他人著想。若想帶貓咪出房間，就一定要替牠套上胸背帶（項圈有可能會被掙脫）並繫上牽繩。這麼做不但是為了保護貓咪，

若貓咪真的很討厭出門，該怎麼辦？

若只出門一兩天，且家裡有定時餵食飼料的機器，就可以讓貓咪自己在家。然而，若沒有任何人陪伴，貓咪很容易會感到寂寞或無趣。因此若必須長時間不在家，最好能請朋友或鄰居到家裡陪一下貓咪，順便確認一下安危，也可以陪貓咪玩、確認有充足的食物和水，然後清理一下砂盆。若有朋友或鄰居願意幫忙，相信自己也能稍微放下心裡的大石。

也是尊重其他房客。也可以用提袋帶著貓咪走動，確保貓咪的安全。

最後，務必在行前確定旅館歡迎攜帶寵物入住。將寵物帶進旅館不是基本權利，而是特權。記得將寵物造成的任何髒污清乾淨，在退房時將房間保持得比入住時還要乾淨。

貓咪當家

根據貓咪的年齡與性情，有時候就算必須長期出遠門，將貓咪留在家裡也比一起帶出門好。若要出國旅遊或海外出差超過一個星期，可以聘請專業的貓保母來家裡照顧貓咪，或是將貓咪帶去寵物旅館。

寵物保母

很多機構可以幫忙推薦當地喜愛貓咪又經過專業訓練的貓保母。獸醫師可能會因為工作的關係認識一些值得推薦的保母，也可以自行上網尋找。

若已經決定要請保母，千萬不要找沒有口碑或推薦人的保母，而且要確定保母或仲介機構已經有投保。接著，安排保姆來家裡與貓咪見面，並觀察彼此是否合得來。若貓咪和保母一拍即合，就是個好的

徵兆。若貓咪討厭這個人，就得另外尋找其他保母。

選擇的保母應該要喜愛並了解貓咪習性。可以的話，最好能找貓咪認識且信任的人。有關餵食時間、每餐份量、貓咪作息及是否需服藥等資訊，必須詳細寫下來給保母看。記得將獸醫的姓名、地址、電話及前往醫院的路線給保母，並留下自己的聯絡電話以防萬一。記得要事先準備好這段期間貓咪需要的飼料與貓砂量。

寄宿

若必須出門好幾天，也可以選擇將貓咪帶去寄宿。可以詢問朋友或鄰居有沒有推薦的機構，然後自行上網研究和比較。記得貨比三家不吃虧，而且入住前一定要參觀過環境。

環境看起來要乾淨、空氣聞起來要清新、飲用水要充足，而且砂盆要愈乾淨愈好。若對員工資歷、同時入住的貓咪數量，以及對緊急狀況的應變措施有任何疑慮時，一定要勇於詢問。有些獸醫院也有提供寄宿服務，或是能夠推薦附近評價比較好的寄宿選擇。

現在有很多貓咪限定的寄宿中心只限貓咪入住，而且佈置得相當居家又舒適。這些寄宿中心又被稱為「寵物飯店」，員工在住宿期間會負責幫貓咪放飯、梳毛和玩耍。

比起寄宿到陌生的環境，許多飼主還是偏好請朋友或保母來家裡照顧貓咪，因為有些貓咪可能到了陌生環境會特別焦慮，或是覺得自己被遺棄了。

做出最後的決定

每次旅行前，都一定要顧慮到貓咪的感受。大部分的貓都不喜歡旅行。而且若知道貓咪在家過得舒適又開心，旅行起來心情也會比較舒坦。比起一同出門，貓咪待在家說不定反而更開心。

大部分的貓咪都不喜歡調整生活作息，因此如果必須出遠門，最好能夠把貓咪留在家裡，並請專業的保母來照顧貓咪。

我們在這章學到了…

- 貓咪通常會排斥出門，因為牠們天生就是非常居家的動物。
- 可以藉由短暫又有趣的小旅行讓貓咪習慣出門。若從幼貓時期開始訓練，貓咪就會更容易接受出門旅行。
- 為了避免不必要的麻煩，在購買機票前務必向航空公司詢問關於和寵物一同登機的相關規定。
- 若時常要帶貓咪出門，為了安全起見，務必帶貓咪到值得信賴的醫院植入晶片。
- 不得已必須帶貓咪出遠門時，記得隨身帶貓咪每日所需的基本用品，例如砂盆、貓砂與食物等。
- 若家裡的貓咪真的很討厭出門，最好請保母在家裡照顧貓咪，或是將貓咪寄宿在只限貓咪的寵物旅館。

帶我一起走！

　　有些飼主至今仍覺得若必須搬家到遠方或離家求學時，最好把家裡的貓送養給別人，但這其實是非常離奇的想法。如果你真的考慮把貓送養，勸你在行動之前，先把以下幾點想清楚：

- 你不會因為要搬家就把小孩送養對吧？對貓咪來說，你就是牠的家人，因此若被遺棄到別人家，對貓咪來說會是一件非常痛苦的事。
- 搬家時，貓咪其實不會造成太大的負擔。就算沒辦法用車子載，也可以和人一起搭飛機。
- 貓咪其實很快就會適應新的家。如果有主人的充分陪伴及熟悉事物的氣味，貓咪就會更容易適應新環境。可以帶一些貓咪的舊玩具去新家，或是拿貓咪睡覺的毯子到處抹一抹，讓新家充滿牠的味道。使用貓費洛蒙也會讓適應的過程更容易。

現在也可以將寵物寄養在豪華的寵物旅館。這些奢華的旅館提供寬敞的套房、玩具、水療按摩及專人照顧等服務。

附錄：常見品種與個性

以下是不同品種的大致性格，但每隻貓之間還是會有不同個性，例如阿比西尼亞貓通常都活潑又愛玩，但有的可能害羞又慵懶，或是波斯貓通常安靜又穩重，但也可能會有個性野蠻的例外。此外，年紀、健康狀況與基因也會影響貓咪的活潑程度與其他性格特質。

Abyssinian
阿比西尼亞貓

阿比西尼亞貓活潑、好動、愛玩，總是忙個不停。牠們是天生的運動員，無時無刻都在活動。牠們喜歡玩具，而且通常任何東西到牠們手中都能成為玩具。天不怕地不怕的個性，讓牠們從不怕高，不過對牠們而言，這未必總是好事。由於牠們精力充沛，因此孤單的阿比西尼亞貓很常惹麻煩。牠們需要另一隻貓或狗朋友，在適當的接觸認識後成為玩伴，提供穩定的陪伴。

American Bobtail
美國短尾貓

美國短尾貓聰明、適應力強，有些甚至知道怎麼開門，或是帶著閃亮物品溜出門。照顧美國短尾貓可能不是簡單的差事。牠們喜歡玩拋接、躲貓貓，還有無數種其他遊戲，牠們甚至會自己發明遊戲呢。

不論是年輕或年邁的美國短尾貓都喜歡跟主人共處，也能與大部分寵物相處融洽。

American Curl
美國捲耳貓

美國捲耳貓個性甜美、適應力強、非常貪玩、隨時都想玩遊戲。牠們很容易與人類培養感情，而且只要有適當的首次接觸，就能跟大部分寵物和平相處。即使已經是成貓，還是會保留幼貓的行為與個性。

American Shorthair
美國短毛貓

美國短毛貓友善熱情，不過牠們不像其他愛撒嬌的貓，牠們可以自得其樂好一段時間。基本上，只要首次接觸有安排妥當，美國短毛貓就能與其他寵物和睦相處，也喜歡人類陪伴在旁。別看牠們冷靜可愛，如果遇到老鼠，牠們非常凶猛，不會放過任何捕獵的機會。

American Wirehair
美國硬毛貓

美國硬毛貓安靜內向，但又玩性十足、好奇心旺盛。牠們十分熱情，只要有機會，就會想辦法成為眾人焦點。牠們有時很聰明，會把櫥櫃打開再爬進去，所以若養了牠

們，就一定要使用兒童安全鎖。整體而言，只要首次接觸安排妥當，牠們就可以跟其他寵物相處融洽。

Balinese
暹羅貓

暹羅貓擅長社交，常發出聲音。牠們常常會試著跟主人對話，如果不理牠，牠會要求你專心參與談話。暹羅貓極為聰明、好奇、親人。牠們會像狗一樣忠誠、跟著主人到處走、待在主人身旁、躺在大腿上，或是想要參與主人的活動。機靈又活潑的暹羅貓很喜歡玩遊戲，也能與其他寵物和睦相處，但又具有獨立個性，可以獨處也沒問題。

Birman
伯曼貓

伯曼貓不像其他東方品種那麼活潑，但也不像一些大型長毛貓那麼慵懶。伯曼貓迷人、溫柔、好玩，但如果你在忙，牠們會安靜不干擾。隨性又放鬆的伯曼貓到年邁時仍然保有愛玩的性格，有時候還會想要被關注。只要得到主人的關心，就會開心在附近歇息。牠們喜歡人群，生活環繞著自己深愛的家人。這種生性甜美的貓很適合孩童。牠們通常也很歡迎其他新的貓或狗成員。

Bombay
孟買貓

孟買貓的好動程度可以說是剛剛好。牠們聰明、好奇、也總是願意玩遊戲，但不會像一些品種那樣過動。牠們喜歡玩拋接，也喜歡調查新東西。孟買貓喜歡關注，而且喜歡被抱著四處走，或是站在主人肩膀上。牠們會跟著主人巡視各個房間，主人的活動幾乎隨時都要參與。孟買貓非常依賴主人，通常愛著所有家庭成員，而不是僅與其中一人建立連結，而且牠們特別擅長跟小孩相處。只要首次接觸安排妥當，跟其他寵物的相處不會是問題。

British Shorthair
英國短毛貓

英國短毛貓個性慵懶，總是以安靜姿態掌握周遭環境，默默觀察家中每個人及每件事。牠們有一點內向、自尊心高，所以如果想要找一隻安靜、穩定、熱情但不會過動的貓陪伴在旁的話，英國短毛貓可能是適合的選擇。牠們隨性、聰明，但不會一直要求主人的關注。若牠們發現主人也想玩遊戲時，牠們也會想要玩。英國短毛貓通常可以跟其他貓及狗融洽相處。

Burmese
緬甸貓

緬甸貓極有魅力，擅於與人相處，個性很像狗，喜歡跟著主人到處晃，喜歡表達自己的感情，也喜歡被寵愛。緬甸貓能整天依偎在主人身旁也樂此不疲。牠們也很喜歡

幫忙「管理」家裡，無論是主動參與還是躺在大腿上監督。如果主人不讓緬甸貓做牠們想做的事，牠們有可能很頑固並十分堅持。如果主人惹牠們不高興，牠們可能會生悶氣，不過很快就會放下。緬甸貓擅長跟小孩相處，如果在年幼時有新的貓或狗成員加入，也能和平相處。

Chartreux
沙特爾貓

沙特爾貓因微笑及明亮雙眼而為人所知。牠們內向安靜，很少發出聲音，但是發現感興趣的事情時，會發出類似鳥叫的聲音。大部分的沙特爾貓不喜歡被拎起或抱起。年幼的沙特爾貓活潑好動，但大概三歲以後會變得沉穩冷靜。雖然沙特爾貓有著華貴穩重的形象，成貓有時也會突然好動起來。沙特爾貓很快就會跟家人建立羈絆，常常跟著主人在不同房間之間走動。有生面孔出現時，牠們可能會害羞。如果首次接觸安排適當，沙特爾貓可以跟其他寵物好好相處。

Colorpoint Shorthair
重點色短毛貓

重點色短毛貓非常喜歡與人互動，也很喜歡喵喵叫。牠們非常好動，總是在探索身旁事物，而且聰明又容易訓練。如果想要一隻會聽口令表演或是挑戰敏捷度的貓，牠們可能是很好的選擇。牠們愛玩、

喜愛陪伴，且需要主人的大量關注。如果你白天不在家，最好有一隻活動量與牠相當的貓咪陪伴，或是最好家裡還有其他人，避免讓牠落單時間太長。只要首次接觸安排得當，就能與大部分寵物和平相處。

Cornish Rex
柯尼斯捲毛貓

柯尼斯捲毛貓有趣但滑稽，喜歡用自己逗趣舉動娛樂主人。柯尼斯捲毛貓太愛發出聲音了，所以如果想要貓咪安靜一點點，記得不要跟牠們「搭話」。活潑好動的牠們擅長跳躍及攀爬，常爬上廚房流理臺偷吃主人食物，所以主人必須保持警戒，為牠們樹立界線。牠們也喜歡偷叼走物品，然後又物歸原位。柯尼斯捲毛貓可不喜歡靜靜趴在主人大腿上，牠們需要釋放體內無盡的精力，所以家中最好給牠這樣的環境。雖說牠們極為獨立，不過也喜歡主人撫摸疼愛，更有趣的是，牠們很喜歡跟狗交朋友呢！

Devon Rex
德文帝王貓

德文帝王貓非常活潑愛玩，主人家裡發生的大小事都會主動參與。德文帝王貓對什麼都感興趣，家中每個角落都會探索一番，常常在爬書櫃或是趴在門頂上。由於跳躍能力強，因此是出了名的廚房小偷，所以記得樹立界線，避免食物被偷

吃。超級友善的德文帝王貓可說是「人人好」，喜歡與人依偎，特別喜歡趴在人的肩膀、大腿或是任何可以靠近主人的地方。換句話說，主人要多疼愛及關心牠們。只要首次接觸安排適宜，德文帝王貓可以和其他寵物相處無礙。

Egyptian Mau
埃及貓

埃及貓害羞含蓄，不過只要一打開心房，就永遠認定你了。牠們非常可愛聰明，重視家人且忠誠。埃及貓可能好動、可能安靜，依其心情而定。牠們跳躍力強，所以主人可以讓牠們大量跳躍與攀爬。一般來說，埃及貓很擅長和其他寵物相處。

European Burmese
歐洲緬甸貓

歐洲緬甸貓優雅但並不脆弱。牠們甜美溫柔、聰明絕頂、個性親人、極為忠誠，很適合作為寵物。歐洲緬甸貓渴望陪伴，喜歡跟主人整天依偎相處，牠們也喜歡其他動物的陪伴，不過就算家中沒有其他寵物，牠們也可以過得很開心。牠們好動程度適中，不過在成貓時期還是保有愛玩及活力充沛的性格。拋接等屬害技巧對牠們來說不是問題。主人忙於家務時，牠們也能高興地在旁觀看。

Exotic
異國貓

異國貓是短毛版本的波斯貓，個性也一模一樣，都很安靜、親人、溫順。有時牠們也很內向，尤其是面對陌生人的時候。跟其他貓咪不太一樣的地方是，牠們會尊重「個人空間」，不會一直要求主人關注。牠們會跟主人在房間之間走動，但不會緊迫盯人。異國貓天性隨性平和，但是卻跟其他品種貓一樣愛玩好動，牠們可能會不斷嘗試抓住逗貓棒上的玩具直到精疲力盡，也可能會靜靜觀察玩具，為下一次玩樂做準備。只要安排合適的首次接觸，就可以跟其他寵物和平相處。

Havana Brown
哈瓦那棕貓

哈瓦那棕貓活潑但不過動，個性迷人、調皮愛玩，且聲音輕柔。許多哈瓦那棕貓冷漠又害羞，所以幼貓時期一定要讓牠們社會化。不過比較外向的哈瓦那棕貓可能很喜歡講話，所以若想要安靜的貓咪的話，請特別留意此個性特質。牠們調查好奇的事物時，會用腳掌碰觸及感受。哈瓦那棕貓很親人，會默默希望人類多陪伴，也能適應多數狀況。如果想要一隻能互動、親人又聰明的貓朋友，選擇牠們就對了。如果首次接觸安排妥當，就可以跟其他寵物和平共處。

Japanese Bobtail
日本短尾貓

想要一隻活動力強、聰明又愛講話的貓咪嗎？日本短尾貓就是最佳選擇。牠們喜歡人類陪伴，而且輕柔的聲音可以發出各種聲調，甚至有些人說牠們會唱歌。若有人對牠們說話，牠們幾乎都會回應。日本短尾貓活動力旺盛又貪玩，想參與任何活動也隨時想找麻煩。牠們實在很聰明，擅長開櫃子及開門進到牠們不應該進入的地方，所以一定要裝設櫥櫃安全鎖。牠們跳躍爆發力強、精力無比充沛、動作靈巧敏捷，抓老鼠的功力很好。日本短尾貓也擅長跟孩童相處，而且只要經過適當的首次接觸，就能與其他寵物好好相處。

Javanese
爪哇貓

生活如果想增添點趣味，可以選擇爪哇貓，牠們擅長與人相處，常常發出聲音。若覺得主人不理牠們，還會堅持「聊下去」，甚至愈叫愈大聲來吸引主人的注意。爪哇貓極為聰明，很快就能熟悉主人的生活作息，也不會吝嗇大聲說出自己需求，例如肚子餓或是純粹想要有人關心。爪哇貓看似纖弱，其實肌肉非常強壯，能做出驚人特技。雖說牠們常「忙這忙那」的，但其實就是忙著跟主人到處走，在腳邊擋路。牠們也喜歡耍蠢賣萌給主人

看。如果首次接觸順利適當，大部分爪哇貓會喜歡狗以及其他寵物。

Korat
科拉特貓

科拉特貓非常聰明且喜歡表達自己，牠們擁有過人的聽力、視力及嗅覺。觀察力敏銳的牠們能打開櫥櫃及門、轉開水龍頭，或打開容器的蓋子。有時牠們非常活潑好動，喜歡玩拋接及其他遊戲，不過牠們也是溫柔敏感的寵物，移動時安靜又謹慎，因此牠們不喜歡突如其來的巨大或刺耳聲響。極為可愛的牠們會跟主人形成強烈感情連結，也很喜歡跟主人依偎。牠們可以與其他寵物相處，不過牠們會想要占上風，不會讓出主人身邊最舒服的位置。牠們對小朋友則非常溫柔。

LaPerm
拉邦貓

拉邦貓很親人，喜歡肢體接觸，牠們可以活潑好動，也喜歡靜靜趴在主人大腿上。這個性看似衝突矛盾，但對拉邦貓來說非常自然。牠們喜歡跟著主人走，希望跟主人互動。如果你忙，拉邦貓也會耐心等候，等到主人注意牠們或是一起玩樂，不過有時候牠們會透過磨蹭主人或是用腳掌輕拍主人來尋求肢體接觸。拉邦貓好奇心強，周遭發生的事都會想知道。只要妥善安排首次接觸，拉邦貓跟其他寵物相處不

會有問題。

Maine Coon Cat
緬因貓

緬因貓是溫柔的大貓，擅長與人相處、強壯且冷靜，有些緬因貓甚至比許多小型狗還大呢。除了體型外，緬因貓的個性也常常被拿來跟狗對比。牠們態度溫和、親人隨和，也非常擅長跟小孩和狗相處。

Manx
曼島貓

曼島貓外向親人、特別愛玩，而且喜歡跟主人玩，會帶著自己的玩具找主人玩拋接。牠們運動細胞好，跳躍的高度十分驚人，如果在房間裡最高的地方看到曼島貓趴著休憩，也不是什麼新鮮事。曼島貓可以突然加速、快速轉換方向，所以牠們有「貓跑車」的稱號。親人可愛的曼島貓對家人忠誠，不過面對生面孔可是很害羞的。然而值得注意的是，一旦曼島貓與主人建立信任連結，牠們就很難跟其他飼主建立感情，無法在其他家庭開心度日。只要首次接觸安排妥當，牠們可以跟其他寵物和睦相處。

Norwegian Forest Cat
挪威森林貓

挪威森林貓友善活潑、個性鮮明、聰明絕頂、好奇心高到無藥可救，且在玩樂時會頗為激動。牠們什麼都要調查，不會輕易放過任何事物，如果主人限制牠們不得進入某些地方，牠們是不會輕易接受的。這種個性有時會給主人添不少麻煩，所以主人應該設下嚴格界限。

Ocicat
歐西貓

一反許多人從名字產生的聯想，歐西貓跟美洲豹貓（ocelot）並無關聯，外表看似狂野的牠們其實有著溫馴的基因，並沒有帶有什麼野性與野蠻的部分。歐西貓忠誠親人，但也不會太黏人。自信聰明的歐西貓能接受訓練，也能對指令做出良好反應，有些歐西貓甚至能繫上牽繩遛呢。由於牠們適應力強，通常會在了解家中規矩之後好好配合。歐西貓外向好相處，不過這個特質也表示牠們不太能夠落單獨處太久。如果有適當的首次接觸，牠們會喜歡其他動物的陪伴。

Oriental
東方貓

東方短毛貓個性十分活躍，好奇心強，甚至有點雞婆，隨時都會在一旁磨蹭主人或干擾主人的活動。可愛親人的牠們會想要獨占主人，「與人分享」這種精神牠們絕不買單。牠們也會回報主人，在主人需要時提供溫暖陪伴、呼嚕呼嚕叫，也會磨蹭主人。牠們樂於取悅人，也想尋求大家的關注，若無法得到

關心就會傷心慢步離去，表現出失望的心情。東方短毛貓如果沒得到自己想要的東西，會不斷發出聲音表達需求。雖然牠們非常擅長社交，但是也有獨處的能力。無聊時，牠們會把腳掌伸到抽屜與櫥櫃裡找東西來分心，所以如果不希望牠們翻箱倒櫃，就一定要鎖好。東方短毛貓即使年老也仍然貪玩活潑。

Persian
波斯貓

波斯貓安靜溫馴又親人，不過有時也顯得冷漠，面對陌生人尤其如此。跟其他貓不太一樣的是，牠們會尊重主人的個人空間，不會一直尋求關注。牠們會跟著主人在房間之間走動，但不會造成壓力。波斯貓是喜歡穩定與習慣的品種，最喜歡舒服安全的環境，但也可以適應嘈雜熱鬧、飽受關愛的家庭。一般來說，波斯貓是成熟內斂的品種，不過如果看到牠們以優雅姿態霸占你最愛的位置，或是很誇張地把雙腳吊在窗臺上，也不用太驚訝。牠們擅長互動、親人，能給予溫暖陪伴，也能跟其他寵物相處融洽。

Ragamuffin
襤褸貓

襤褸貓跟緬因貓一樣，是溫柔的大貓咪。牠們擅長社交、強壯、安靜，有些體型比許多小型狗還要大呢。牠們也會被拿來跟狗比較，

很常玩拋接遊戲。牠們溫和又親切。如其名，經常像一件襤褸般放鬆癱軟在主人懷中。只要首次見面安排合宜，可和其他寵物好好相處。

Ragdoll
布偶貓

布偶貓就如同襤褸貓跟緬因貓，雖然體型巨大，但是沉著溫柔。牠們擅長社交、強壯、安靜、而且跟其他貓品種比起來，對人類朋友頗感興趣。牠們跟狗也很像，會跑到腳邊跟主人打招呼、跟著主人繞、睡在主人身旁，還會邀請主人玩遊戲。牠們不太常跳躍或攀爬，主要在地板上行走。布偶貓絕不會煩人，牠們是親人隨和、舉止合宜的好夥伴。若想要一隻比較安靜的貓，布偶貓極為溫柔隨和，是很好的選擇。只要首次接觸好好安排，布偶貓可以跟其他寵物相處得很好。

Russian Blue
俄羅斯藍貓

俄羅斯藍貓害羞內向、不愛出風頭、安靜內斂，不過如果牠們認定主人之後，就會讓主人看見親人且忠誠的一面。整體來說，俄羅斯藍貓並不好動，如果白天被獨自留在家中，牠們可以自己娛樂自己，等主人晚上回來時再開心地陪伴主人。許多俄羅斯藍貓喜歡趴在主人大腿或肩膀上。牠們非常敏感聰明，可以察覺周遭氣氛，如果主人顯得

沉悶，牠們會耍耍把戲逗主人開心，或是在主人需要靜一靜的時候給主人清靜。不過俄羅斯藍貓也有點固執，一旦決定要做什麼，主人可能需要費盡心思才有辦法阻止牠們。只要首次接觸安排得好，牠們可以跟小孩與其他寵物相處得很好。

Scottish Fold
蘇格蘭摺耳貓

蘇格蘭摺耳貓的好動或黏人程度都適中，牠們強壯愛玩，需要主人很多的愛與遊戲時間。牠們喜歡跟主人消磨時間，如果主人沒有心情陪牠們玩，靜靜陪伴在旁也能讓牠們感到快樂。牠們聲音細小，也不常發出聲音，所以主人可以跟蘇格蘭摺耳貓共享寧靜的夜晚。許多蘇格蘭摺耳貓都能跟其他寵物相處無礙，不過初次接觸時仍須小心，因為許多貓會以為蘇格蘭摺耳貓的摺耳是一種侵略的暗示，所以初次接觸一定要緩慢謹慎。雖說如此，蘇格蘭摺耳貓還是可以適應其他動物以及大部分的居家環境。

Selkirk Rex
塞爾凱克捲毛貓

塞爾凱克捲毛貓愛玩又逗趣，最喜歡的活動就是玩樂，牠們需要關注，特別是在跟主人玩時最需要主人的注意。如果想要養塞爾凱克捲毛貓，一定要記得牠們是活動力很高的貓。牠們也喜歡跟主人依偎，

所以要為牠們保留寧靜陪伴的時光。只要首次接觸安排合適，牠們會跟其他寵物相處融洽。

Siamese
暹羅貓

在貓百科全書中，如果讀者查詢「聒噪」一詞，就會看到暹羅貓的照片。沒錯，暹羅貓就是這麼聒噪。主人可以透過忽略牠們來降低一點聒噪程度，但不保證奏效。暹羅貓好奇心強、行程滿檔，總是在探索事物，可謂聰明絕頂，而且沒有人能夠知道牠們心裡在打什麼樣的算盤。牠們天生親人，需要主人大量關注以及長時間陪伴。如果首次接觸安排順利，暹羅貓可以跟其他寵物相處融洽。

Siberian
西伯利亞貓

一般來說，西伯利亞貓是溫和深情的貓，喜歡趴在大腿上，通常很安靜，偶爾輕輕地發出聲響。牠們會跟著主人到處走，所以主人永遠不會落單。西伯利亞貓玩樂時可以非常活躍，但是跟主人坐在一起看電視也可以很開心。然而，牠們身手矯健，可以跳得很高很遠，加上牠們擅長解決問題，簡直是個超級偵探。跟這樣的超級偵探相處，主人可以預期精彩多變的生活。西伯利亞貓通常跟狗還有其他貓相處融洽，前提是有適當的首次接觸。

Singapura
新加坡貓

新加坡貓是惹人疼愛的小壞貓，牠們好奇、貪玩、外向，無論是主人烹飪時、使用電腦工作時，或是閱讀時，牠們隨時都想要受到關注。新加坡貓十分聰明，一直到老都喜歡與人互動。雖然牠們滿聒噪，但是不太會搞破壞，所以是很合適的居家寵物。只要首次接觸好好安排，可以與其他寵物順利相處。

Somali
索馬利貓

索馬利貓熱愛被人關注，十分擅長與人互動。牠們是天生的運動員，喜歡玩樂，整天都有可能需要大量消耗體力。在「暴走」時，牠們會到處衝刺、亂拋玩具、高高跳到空中，有如特技演員一樣。牠們甚至可以用腳掌握住物體，也能輕易進入櫥櫃，或是從流理臺上偷走食物。如果有養索馬利貓，可能會在食材上看到不少爪痕。索馬利貓通常無所畏懼，不過這特質有些壞處，例如牠們容易爬太高。由於牠們活動力太強，只養一隻索馬利貓可說是自找麻煩。牠們隨時需要陪伴，如果能有另一隻貓或是狗陪牠度過主人不在家的時光會比較好，前提仍然是有合適的首次接觸。

Sphynx
斯芬克斯貓

斯芬克斯貓親人並追求人類關注，事實上，牠們甚至可能會表演特技或是賣萌來贏取注意力。牠們常常依賴主人，也會對陌生人撒嬌，像是打招呼或是跳到陌生人身上。斯芬克斯貓聰明調皮，最喜歡有反應的獵物，但有時有點笨拙。斯芬克斯貓很會爬上流理臺，也能進入櫥櫃，因此若有養斯芬克斯貓，可能會在食材上看到不少爪痕。牠們喜歡其他貓及狗作伴。

Tonkinese
東奇尼貓

東奇尼貓個性可愛但固執己見，特別喜歡搗蛋。牠們喜歡挑戰規矩，所以強烈建議要好好訓練牠們，禁止牠們爬上流理臺或做出其他不好的行為。東奇尼貓貪玩且運動細胞好，想要成為世界的中心。換句話說，若主人允許，牠們很快就會攻城掠地，霸佔主人的房子與生活。東奇尼貓非常聰明，感官就像雷達一樣好，所以如果常常找不到牠們，也沒必要大驚小怪。東奇尼貓隨時在找樂子，個性迷人，跟陌生人還有其他寵物都能和睦相處。

Turkish Angora
土耳其安哥拉貓

土耳其安哥拉貓活潑可愛，但大部分都不太受控制，所以一定要

訓練與社會化。牠們聰明愛玩，因此如果想要的是溫馴一點的貓，可能會覺得土耳其安哥拉貓玩遊戲時太激動。牠們會開門、櫥櫃與抽屜，而且很喜歡偷吃食物。有趣的是，許多土耳其安哥拉貓喜歡玩水，會試著跟主人一起洗澡。牠們通常跟狗還有其他貓相處融洽，不過可能會想要居上風。由於個性比較強勢，所以必須有適當的首次接觸。

Turkish Van
土耳其梵貓

　　土耳其梵貓忠誠惹人愛，但是非常獨立。牠們表達愛意的方式是用頭頂主人，或是輕咬主人。若主人不知道牠們有這個傾向，可能會有點緊張。牠們聰明愛玩，但有點笨拙，會撞倒花瓶、玻璃製品或是盆栽。牠們強壯矯健、善攀爬，會開櫥櫃跟抽屜，而且在爬窗簾時不會有一絲遲疑。許多土耳其梵貓會游泳或喜歡玩水，所以如果看到牠們在游泳池或是以超近距離研究馬桶時，不用太吃驚。牠們不喜歡躺在主人大腿上。主人必須設下嚴格界線，因為若未經適當社會化及訓練，牠們可能欺負其他貓或狗。

照片來源

國家圖書館出版品預行編目資料

貓咪問題全攻略 / 瑪格麗特‧H‧博納姆(Margaret H.
Bonham)著；廖崇佑譯. -- 初版. -- 臺中市：晨星，2019.04
面；　公分. --（寵物館；79）

譯自：The cat owner's problem solver : how to manage common
behavior problems by thinking like your cat

ISBN 978-986-443-845-7（平裝）

1.貓 2.動物行為 3.動物心理學

437.36　　　　　　　　　　　　　　　108000262

掃瞄QRcode，
填寫線上回函！

寵物館79

貓咪問題全攻略

作者	瑪格麗特‧H‧博納姆（Margaret H. Bonham）
譯者	廖崇佑
編輯	李佳旻、邱韻臻
排版	曾麗香
封面設計	言忍巾貞工作室

創辦人	陳銘民
發行所	晨星出版有限公司
	407台中市西屯區工業30路1號1樓
	TEL：04-23595820　FAX：04-23550581
	行政院新聞局局版台業字第2500號
法律顧問	陳思成律師
初版	西元 2019 年 4 月 10 日

總經銷	知己圖書股份有限公司
	106 台北市大安區辛亥路一段 30 號 9 樓
	TEL：02-23672044 / 23672047　FAX：02-23635741
	407 台中市西屯區工業 30 路 1 號 1 樓
	TEL：04-23595819　FAX：04-23595493
	E-mail：service@morningstar.com.tw
網路書店	http://www.morningstar.com.tw
讀者服務專線	04-23595819#230
郵政劃撥	15060393（知己圖書股份有限公司）
印刷	上好印刷股份有限公司

定價 350元

ISBN 978-986-443-845-7

The Cat Owner's Problem Solver
Published by TFH Publications, Inc.
© 2008 TFH Publications, Inc.
All rights reserved